不较真的
心理智慧

原子 编著

中国纺织出版社有限公司

内 容 提 要

生活中，我们常常会感到不快乐，其实这些不快乐都源于自己，要么与自己较真，要么与他人较真，其实在不该较真的事情上固执地较真，只会徒增苦恼，让自己的生活、学习和工作变得一团糟。

本书从心理学的角度入手，结合大量贴近生活的事例，提炼出精华和要点，对生活中人们常见的一些想不通、悟不透的问题或误区进行一一剖析，帮助我们找到修身的精髓——不较真，启发人们灵活思考，并教会我们如何打造健康向上的心态，最终收获幸福人生。

图书在版编目（CIP）数据

不较真的心理智慧 / 原子编著.--北京：中国纺织出版社有限公司，2024.4
ISBN 978-7-5229-1433-6

Ⅰ.①不… Ⅱ.①原… Ⅲ.①心理学 Ⅳ.①B84

中国国家版本馆CIP数据核字（2024）第040004号

责任编辑：柳华君　　责任校对：王蕙莹　　责任印制：储志伟

中国纺织出版社有限公司出版发行
地址：北京市朝阳区百子湾东里A407号楼　邮政编码：100124
销售电话：010—67004422　传真：010—87155801
http://www.c-textilep.com
中国纺织出版社天猫旗舰店
官方微博 http://weibo.com/2119887771
天津千鹤文化传播有限公司印刷　各地新华书店经销
2024年4月第1版第1次印刷
开本：880×1230　1/32　印张：6.25
字数：112千字　定价：49.80元

凡购本书，如有缺页、倒页、脱页，由本社图书营销中心调换

前言

在我们生活的周围，有这样两类人，一类人，他们豁达、大度、积极、乐观、不拘小节、心态平和，他们无论遇到什么，都能坦然面对，在他们眼里，幸福是那么简单，因为没有什么事是大不了的；在人际交往中，他们总是能侃侃而谈，展现出自己的才能智慧，进而左右逢源……然而，也有这样一类人，他们活得很较真，精打细算，斤斤计较，社会关系很紧张，纠缠于生活琐事，以至于一事无成。

那么，是什么导致了他们截然不同的两种生活状态？很明显是心态，前者具有豁达宽容的人生态度，而后者爱较真，事实上，没有谁不希望自己卓越，不希望自己幸福，那么，我们该如何去做呢？

事实上，任何人一旦致力于修炼自己的心理智慧，必将走向安静宁和的人生。而致力于修炼心理智慧者，最大的特点就是不较真，因为他们深知，自己的痛苦和快乐并不是掌握在他人的手里，而是掌握在我们自己的手中，我们是自己幸福的决定者。我们怎样看世界，世界就是什么样子。我们若以平和的心来看世界，那么这个世界到处充满了平和；我们若以愤懑的眼光来看世界，那么这个世界就是个燃烧着怒火的地狱。

忙碌于钢筋混凝土中的人们，也逐渐意识到应该寻找让自己不较真的良方，它能让我们远离浮躁、遏制欲望、豁达为人、抵制诱惑、戒掉抱怨、笑对逆境，能让我们的心在烦琐的生活之外找到一个依托，能让我们更好地工作，更好地生活，更好地提高自己，修炼自己。

然而，我们都是世俗中的人，要做到这点并不容易，生活太琐碎、工作太忙碌、人际交往太复杂，太多的负面因素，使得我们的心变得焦躁不安，因此我们需要一位心灵导师，它能引导我们抛开世俗的烦恼，真正以一颗平和之心处世，做到真正的不较真。

本书就是这样一位导师，跟着它的脚步走，你会逐步找到自己在尘世中的坐标，让自己的心有个归宿。

本书告诉我们，要获得人生的安宁，就必须修炼不较真的心理智慧，并给了我们全方位的阐述和建议，阅读完本书后，相信你会有所收获，也能清除掉那些干扰我们前进的心灵污垢，那么，无论外在世界发生了什么，我们都能以一颗淡然的心来面对，都能做到内心安宁、自在安稳。

编著者

2022年5月

目录

第1章
淡泊名利，人生不该被无止境的贪念控制　001

一味地追求利益，反而会被利益所伤　002

浮华世界，不要被声名所累　005

不要让人生浪费在对名利的追求上　008

欲望无穷，生命有限　011

大方为人，不做守财奴　014

名誉不过是过眼云烟，何必苦苦追求　018

第2章
凡事别固执，过分执着只会束缚身心　021

不属于你的生活，不要盲目追求　022

无谓的坚持，只会束缚你的身心　025

凡事不钻牛角尖，给自己留个出口　028

智者，懂得审时度势和顺应时势　032

坚持可以，但不能做无谓的坚持　035

跳出条条框框，你的人生才有了更多可能　037

第 3 章
不与自己斗气，学会接纳人生的种种不完美　041

与其嫉妒，不如向他人学习　042

包容他人，不要眼里容不下沙子　045

关注当下，别为明天烦恼　048

与人争吵，其实也是与自己过不去　052

学会释怀，压力是自己给自己的　056

第 4 章
得失不计较，放手反而能让你获得整个世界　059

越是紧紧握住手中沙，越是容易流逝　060

努力争取，即使失去也别害怕　063

带着感恩的心面对得失，人生处处是收获　066

珍惜当下所拥有的，不计较已经失去的　069

放下对失去的纠结，你能获得整个世界　073

有失必有得，得失间不比较　076

第 5 章
蓄势待发，与其较真不如在忍耐中开拓人生　079

全局考虑，小不忍则乱大谋　080

适时后退一步，也许反而能更进一步　083

卧薪尝胆，实力不佳的时候最好选择忍耐　087

走自己的路，不惧他人的嘲笑　089

微笑回敬他人的无礼，令其自愧不如　092

被羞辱，最好的回击是漠视　094

第 6 章
潇洒于世，唯有不较真才能躲得过不如意　099

潇洒于世，别纠结眼前的小事　100

淡定面对一切，让脚步更从容　102

不要拿自己当回事，其实没人在意你　106

被误会又如何，不用急于解释　108

不计较输赢，胜败乃兵家常事　111

第 7 章
真心付出，厚爱无需多言，更不必较真　115

付出才有收获，是亘古不变的道理　116

越包容，你越能感受到幸福　119

被人误会时多理解对方　121

在生活中跌倒，要尝试重新站起来　124

爱得不够深，才总是不断计较　127

活在今天，别纠结于昨天的事　130

第 8 章
越放下越释怀，不较真才能做最好的自己　133

放下完美心态，完美并不存在　134

不与人攀比，只做最好的自己　137
拿得起更要放得下，心灵才会轻盈　141
放下自责与悔恨，重燃奋斗的激情　142
放下心头的重负，你才能轻松前行　146
放下对他人的猜忌，选择信任　149

第 9 章
事不做绝话不说满，做人做事留三分余地　155

说话留点"口德"，日后好相见　156
做事留点余地，也是为自己留退路　159
放下一己私利，为他人多想几分　162
包容一点，不要总是抓住别人的错误不放　165
给他人留点面子，就是给自己留条出路　167

第 10 章
不为不完美较真，你正是因为有点缺憾才与众不同　173

你所有的缺憾，都能因自信而烟消云散　174
因为瑕疵的存在，美才会与众不同　176
别去追求十全十美，因为完美根本不存在　179
扬长避短，充分发挥潜力　182

参考文献　187

第 1 章
CHAPTER 1

淡泊名利，
人生不该被无止境的贪念控制

有人说："一个人光溜溜地来到这个世界，最后光溜溜地离开这个世界，名利都是身外物。只有尽一人的心力，使社会上的人多得到他工作的裨益，才是人生最愉快的事情。"人生在世，关键在于看淡名利，不被名利所困扰，一切顺其自然，不因升迁而喜，不因落选而悲。

一味地追求利益，反而会被利益所伤

"天下熙熙，皆为利来；天下攘攘，皆为利往"，从古至今，"利益"始终扮演着让人追捧的角色，它拥有一大群崇拜者，人们甘愿拜倒在金钱的"石榴裙"下。人们为财富而痴迷，深陷其中而不能自拔。可以说，对利益最大化的追求是人类乃至所有生命与生俱来的本能和欲望。在欲望的驱使下，人们为了追逐利益，甚至会丧失良心、道义，那些利欲熏心的人并未意识到自己在追逐利益的过程中会失去更多的东西。利益是一把双刃剑，当你对它越是渴求，它给你带来的伤害将会越大。当今社会，经济已经渗透到社会的每一个角落，面对利益，如果你以一种平常心来对待，决然舍弃那些不属于你的财富，也许命运的眷顾就会让你获得更多的利益；假如你有着贪婪的欲望，总是千方百计地想获得那些诱人的财富，那么你就有可能什么都得不到，或者会失去更多的财富，甚至最后你还会被利益的剑刃所伤。

杨小姐是某省某商学院的会计，却因贪污罪、挪用公款罪被该市中级法院判处有期徒刑18年，本来一个聪明能干的会计，现在却只能在监狱中服刑。回忆起自己是如何一步一步走

第1章
淡泊名利，人生不该被无止境的贪念控制

向深渊的，杨小姐自己也唏嘘不已。

　　大学毕业后，杨小姐就被商学院聘用为会计。之后，她认识了现在的丈夫，开始了幸福的家庭生活。正当她的人生道路一帆风顺时，有一天，下海经商的丈夫提议杨小姐帮他筹措一笔资金，短期内周转一下，并暗示可以挪用公款。当时，杨小姐虽然表面上严词拒绝了，但内心却展开了激烈的思想斗争。借，党纪国法不容；不借，丈夫有困难自己岂能袖手旁观？正当杨小姐犹豫不决时，丈夫又一次言辞恳切地提出了相同的要求，并信誓旦旦地保证，一星期内肯定还款。她开始动摇了，正是这第一次，使她迈进了泥潭，难以自拔。一个星期在焦虑不安中过去了，可丈夫还款的诺言变成了"明日歌"。杨小姐每日心惊胆战，上班怕同事、领导发现自己挪用公款的事实，下班怕听到丈夫无款可还的回答。丈夫投资失败了，那挪用的公款也亏损得一干二净。

　　这个时候，杨小姐已经在心惊胆战中丧失了理智，竟然又一次听信丈夫再借一笔款项一定会还的保证。结果第二笔款与第一笔一样，也是泥牛入海，踪影全无。为了还钱，杨小姐决定再次铤而走险，挪用公款30万元，企图投入股市赚钱，结果损失惨重。为了逃避，她离开当地，试图外出寻找机会赚钱。但是，正所谓"天网恢恢，疏而不漏"，不久，杨小姐就落入了法网。

　　本是干着一份让别人羡慕的工作，但杨小姐却因为对利益

的渴求以及目无法纪的行为而毁掉了自己的一生。巨额的公款对于每一个人来说，都是一种致命的诱惑，有很多人克制不了自己的欲望，便掉下了深渊。

《礼记·大学》中写道："生财有大道：生之者众，食之者寡，为之者疾，用之者舒，则财恒足矣。"这告诉我们生财也要有道，这才是真正的取舍之道。生财有道，应该以人为本，应该极力地克制自己内心深处的贪欲，克制自己对利益的过度渴求。

1. 利益是一把双刃剑

利益是一把双刃剑，当我们在享受利益带来的优越生活的同时，却没意识到自己的一只脚已经开始踏入沼泽了，你越是挣扎，越是陷得深。在生活中，我们要正确看待利益，对利益，追求应有度。当然，我们不可能完全不追求利益，毕竟我们自己的生活也需要得到最基本的保障。

2. 追逐利益，以"人性"为出发点

在当今社会，任何财富的取得都要以"人性"为出发点，坚决不因私人利益而谋取"损人"的财富，不要由于对财富的过度追逐而丧失了基本的人性。面对财富，只有做到了取舍有道，方能赢得财源滚滚而来。

浮华世界，不要被声名所累

在生活中，一些人总是为名声威望所累，平步青云位高权重者，也总担心自己被人看不起，总想折腾点大的动静以掩饰心中的不安，扬名天下似乎是每个心怀志向者的毕生梦想。对此有人说："名关不破，毁誉动之，得关不破，得失惊之。"在名声和威望面前，我们更应该保持平静，气定神闲不仅是一种修养和风度，更是做大事者应有的状态。一个人应该有高远的理想，壮志凌云、气冲霄汉，同时，就好像诸葛亮以"宁静以致远，淡泊而明志"为人生格言一样，对那些诱惑人的名声和威望，我们也要看淡。可能有的人会觉得，壮志凌云和淡泊名利似乎自相矛盾，其实，这两点并不矛盾，而且是一个和谐统一的整体。一个人有着远大的理想，与其淡泊名声和威望的态度，并不冲突。在现实生活中，我们要踏实做人，不要被名声威望所累。

1999年，马老师得知学校把为自己申报院士的材料寄出以后，就十万火急地给中科院发出了这样一封信："我是一个普通教师，教学平平，工作一般，不够推荐院士条件，我要求把申报材料退回来。"他的理由是很多比自己优秀的学者还没有成为院士，了解他的人都知道他的话发自内心。

过了两年，新的院士评审规则要求申报材料必须由申请者本人签字，马老师却拒绝签字。申报期限最后一天，校党委到他家做工作。即便这样，马老师还是不同意签字："我年纪大了，评院士已经没有什么意义了，应该让年轻的同志评。我一生只求无愧于党就行了。"领导说话了："你评院士不是你自己的事情，这关系到学校，是校党委作出的决定。你是一名党员，应该服从校党委的安排。"然后，领导聊到了学校的党建工作，这激起了马老师入党以来的美好回忆："我这一辈子都服从党组织的安排。"领导赶紧接过话头："那你再听从一次吧。"

不过，在考察马老师材料的时候，不少人都产生了疑问：作为光学领域的知名专家，马老师的贡献是有目共睹的，可在许多论文中，他的署名却是排在最后，为什么呢？

通过询问其他同事，人们才知道了其中缘由。马老师从德国回来后，把自己在国外做的许多实验数据交给了同事测试，测试完成之后的论文他修改了三四遍，当同事将马老师的名字署在最前面的时候，马老师却一口回绝了，坚持把他的名字排在了最后。

后来，马老师被评上院士后，学校给他配了一间办公室，并要装修。马老师着急了："要是装修，我就不进这个办公室。"最后他不仅没搬进去，还把办公室改成了实验室。马老师和六个同事挤在一个办公室里，大家说太拥挤了，他却说："挤点好，热闹！"

马老师经常说这样一句话："事业重要，我的名声并不算

第1章 淡泊名利，人生不该被无止境的贪念控制

什么！"

一个人不管取得了怎么样的成绩，都应该清醒地认识到：一个人的力量和作用是有限的，应该不计较名声、威望的得失，不计较荣辱，吃苦在前，享受在后，把自己的一切都奉献给社会。李白曾在《将进酒》中说："古来圣贤皆寂寞，唯有饮者留其名。"圣贤之所以会寂寞，是因为他们志存高远而淡泊名声。

1. 名声和威望不过是身外之物

与金钱一样，名声和威望只不过是身外之物，它的存在不过是让某些人的虚荣心得到极大满足。在生活中，大多数人都是普通人，只有少数人才能集名声与威望于一身。不可否认，名声和威望带给我们的精神上的优越感是诱人的，但如果你活着仅仅是为了这个，那对自己岂不是一种折磨吗？

2. 心存志向，踏实做人

在生活中，不要再为不能赢得好的名声和威望而较真了。你只需要踏实做人，心存高远志向。当人生达到了自己的既定目标，那就是一种成功。名声和威望是别人给的，很多时候根本契合不了自己心灵的节奏。如果不想自己太累，那就踏实做人，看淡笼罩在自己身上的名声和威望。

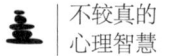
不较真的
心理智慧

不要让人生浪费在对名利的追求上

"打透生死关，生来也罢，死来也罢，参破名利场，得了也好，失了也好。"名利，说白了，不过是身外之物。一个人从呱呱坠地到长大成人，在其成长过程中，他追逐名利的思想会越来越重。从古至今，人们无时无刻不在为名利而追逐，尔虞我诈，不惜血本。有的人为了一时的利益，竟然违背自己的良心，这种对名利的追逐其实就是一种人生的痛苦与悲哀。"假如真的能看透生与死，那也就看透了人们的生死虚妄。一个人，得名利时，如果十分欣喜，那就是一种生，也是一种死；一个人，失去名利时，如果痛苦万分，同样也是一种生，也是一种死。"追逐和争夺名利的人，永远会在对名利的渴望中痛苦着、流转着。

于连出生在小城维立叶尔郊区的一个锯木工人家庭，从小身体瘦弱，在家中被看成是"不会挣钱"的不中用的人，经常遭到父兄的打骂和奚落。卑贱的出身也使他常常受到社会的歧视。但是，从小他就聪明好学。在一位拿破仑时代老军医的影响下，他崇拜拿破仑，幻想着通过"入军界、穿军装、走一条红"的道路来建功立业、飞黄腾达。

在14岁时，于连想借助革命建功立业的幻想破灭了。这时他不得不选择"黑"的道路，幻想进入修道院，穿起教士黑袍，希望自己成为一名"年俸十万法郎的大主教"。18岁时，

第1章
淡泊名利，人生不该被无止境的贪念控制

于连到市长家中担任家庭教师，而市长只将他看成是拿工钱的奴仆。在名利的诱惑下，他开始接触市长夫人，并成为市长夫人的情人。

后来，于连与市长夫人的关系暴露了，他进入了贝尚松神学院，投奔彼拉了院长，当上了神学院的讲师。后因教会内部的派系斗争，彼拉院长被排挤出神学院，于连只得随彼拉来到巴黎，当上了极端保皇党领袖木尔侯爵的私人秘书。他因沉静、聪明和善于谄媚，得到了木尔侯爵的器重，以渊博的学识与优雅的气质，又赢得了侯爵女儿玛蒂尔小姐的爱慕。尽管不爱玛蒂尔，但他为了抓住这块实现野心的跳板，竟使用诡计占有了她。得知女儿怀孕后，侯爵不得不同意这门婚事。于连因此获得了一个骑士称号、一份田产和一个骠骑兵中尉的军衔。于连通过虚伪的手段获得了暂时的成功。但是，尽管他为了跻身上层社会用尽心机，不择手段，然而最终还是功亏一篑，并付出了生命的代价。

有人说，于连身上有着两面性的性格特征。于连最后在狱中也承认自己身上实际有两个"我"：一个"我""追逐耀眼的东西"，另一个"我"则表现出"质朴的品质"。在追逐名利的过程中，真实的于连与虚伪的于连互相争斗，当然，他本人内心也是异常痛苦的。最终，因不断地追求名利，于连走向了自我毁灭。

陶渊明是东晋后期的大诗人、文学家，他的曾祖父陶侃是

赫赫有名的东晋大司马、开国功臣；祖父陶茂、父亲陶逸都做过太守。

到了东晋末期，朝政日益腐败，官场黑暗。陶渊明生性淡泊，在家境贫困、入不敷出的情况下仍然坚持读书作诗。他关心百姓疾苦，怀着"大济苍生"的愿望，出任江州祭酒。由于看不惯官场上那一套恶劣作风，他不久就辞职回家了。随后州里又来召他做主簿，他也辞谢了。后来，他陆续做过一些官职，但由于他淡泊功名，为官清正，不愿与腐败官场同流合污，一直过着时隐时仕的生活。

陶渊明最后一次做官，是已过"不惑之年"的他在朋友的劝说下，再次出任彭泽县令。到任81天，他便碰到浔阳郡派遣督邮来检查公务。浔阳郡的督邮刘云，以凶狠贪婪远近闻名，每年两次以巡视为名向辖县索要贿赂，每次都是满载而归，否则便栽赃陷害。县吏说："当束带迎之。"就是应当穿戴整齐、备好礼品、恭恭敬敬地去迎接督邮。陶渊明叹道："我岂能为五斗米向乡里小儿折腰。"意思是我怎能为了县令的五斗薪俸，就低声下气去向这些小人献殷勤。说完，他便挂冠而去，辞职归乡。此后，他一面读书，一面躬耕陇亩。

正所谓"一语天然万古新，豪华落尽见真淳"。陶渊明不为"五斗米折腰"的气节，更是不断鼓励着后代人要以天下苍生为重，以节义贞操为重，不趋炎附势，保持善良纯真的本性，不为世上任何名利浮华所改变。

1. 克制自己对名利的欲望

人们对来自他人的奴役，都能够保持高度的警惕，而对来自自身欲望的奴役，往往不能保持足够的警惕。对名利的追逐，会使我们的人生好像一场战争，让我们一辈子深陷名利的漩涡中痛苦不堪。

2. 不要留恋名利带来的优越感

在每个人的内心深处，对名利都有着一定的渴求。很多时候，一旦自己对名利的渴求得不到回应，人们便会灰心丧气，觉得人生无望了。其实，这只是一种较真心理，人们只是在计较自己不能获得名利带来的虚荣感而已。

欲望无穷，生命有限

人生在世，生命是有限的，淡泊名利，这是做人的最高境界。淡泊于名利，才能成大器，才能攀登上高峰。在物欲横流的今天，如果你心怀远大志向，那就应该守住淡泊的心境，朝着自己的人生目标不断前进。名利争夺是一场永久的战争，过于贪婪，想得到太多的东西，就很容易把现在所拥有的也失去了。一个人如果在名利场上失去了理智的指南针，那就会陷入名利的漩涡中难以自拔。其实，名利绝不是万恶之源，关键在于我们以怎么样的心态面对。别把有限的生命投入到无穷的名

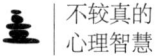

利争夺之中。

钱钟书有着非凡的记忆力，被人称赞有着"照相机式的记忆力"。他看过的书，即使是晦涩生僻的古籍，都能准确无误地复述，有时甚至一字不差。更让人称奇的是，他的记忆力到了七八十岁的高龄也不曾衰退。1979年访问美国时，他常常对提及的学术内容倒背如流，把"耶鲁大学在场的老外都吓坏了"。过目不忘的天分和深厚的艺术修养，使他成为个性独特的小说家。他的《围城》充满了机智、幽默，蕴涵着深邃的讽刺，让人在浅笑中感悟深刻的哲思，回味无穷。他在《围城》里说，结婚犹如被围困的城堡，城外的人想冲进去，城里的人想逃出来。这智慧的譬喻，不仅对婚姻，也是对事业、理想、金钱等人世种种的凝练概括。

电视剧《围城》热播后，钱钟书的新作旧著，被争先恐后地推向市场。面对这种火爆，钱钟书始终保持静默。对所谓的"钱学"热，他认为"吹捧多于研究""由于吹捧，人物可成厌物"。

有人用钱动员他接受采访，他却说："我都姓了一辈子钱了，难道还迷信钱吗？"钱钟书认为作家的使命就是要抵制任何诱惑，要有一支善于表达自己思想的笔，要有铁肩膀，概括起来说就是：头脑、笔和骨气。

当代文学巨匠钱钟书，终生淡泊名利，甘于寂寞。其实，正是因为他看淡名利，不卷入名利之争，始终保持内心的宁

第1章
淡泊名利，人生不该被无止境的贪念控制

静，才使得他的文学道路越走越宽。在生活中，对某些别有用心的人发起的"名利之争"，我们需要看淡，保持自己内心的宁静，不为名利心动，做事情不张扬，这样才能把事情做好。

重耳继位后犒赏诸臣，跟着他流亡的其他人都急着表彰自己的功劳，而介子推从不言功劳所以没有受到奖赏。介子推说："献公有九个儿子，只剩下晋文公一人了。天没有绝晋，必定要立人主。主持晋国祭祀的人，除了国君还有谁呢？国君是上天立的，而几个随君逃亡的人却说成是他们的力量，不是很荒谬吗？私下拿人的财产，还被称为强盗，何况贪天之功占为己有呢？在下的从亡者把有罪的事当作正义，在上的君主奖赏他们所做的坏事。上下互相蒙骗，我难以与他们相处。"

他母亲说："你为什么不去求赏，这样你苦死了又能怨谁呢？"介子推说："明知是有罪的事却去效仿，罪更大啊！况且已经说出埋怨的话，以后便不应再吃他给的俸禄了。"他的母亲说："也让国君知道这件事，怎么样？"他回答说："言语，是身上的装饰，身子都隐藏起来了，哪还用得着装饰？这样是乞求显贵啊。"

他母亲说："这样的话，我和你一块隐居。"于是母子隐居到死。晋侯寻找不到介子推，就用绵上的田作为他的祭田，并说："以此记下我的过错，并用来表扬有德之人。"

"本来无一物，何处惹尘埃。"一个身披勋章、衣锦荣华，整日于名利间慨叹的人不是成功之人。而那些功成身退、摒弃虚浮之物的淡泊名利者才是一个真正超脱世俗、释然于浮名之外的智慧者。

1. 不为名利折腰

古人云:"志不行,顾禄位如锱铢;道不同,视富贵如土芥。"名利不过如敝屣,人应弃之。三国时名动天下的诸葛亮于《诫子书》中写道:"非淡泊无以明志,非宁静无以致远。"由此可见越是追名逐利者越不能如愿以偿。把名利看淡些,不为名利而折腰,你会发现自己离目标更近了,看淡名利的人往往会更容易实现梦想。

2. 简单快乐就好

面对繁杂纷乱的现实社会,很少有人能做到真正意义上的宁静淡泊。但即便如此,在短暂的人生中,难道我们就应该为名利而穷尽一生吗?如果运气好,我们最后会名利双收,但我们的生命可能已经接近尾声了,这样的人生有什么意义呢?所以,与其为无穷的名利争斗而痛苦,不如活得简单一点,这样生活才会给予我们更多的快乐。

大方为人,不做守财奴

在生活中,我们经常会看到这样的人:抠门、小气,与人交往总是"只进不出"。人们称这样的人为"守财奴""铁公

第1章
淡泊名利，人生不该被无止境的贪念控制

鸡"。什么是守财奴？顾名思义，也就是只知敛财而不知用度的人。莎士比亚在喜剧《威尼斯商人》中就塑造了一个吝啬鬼的形象——夏洛克。他是一个资产阶级高利贷者，为了达到赚更多钱的目的，在威尼斯法庭上他凶相毕露："我向他要求的这一磅肉，是我出了很大的代价买来的，它是属于我的，我一定要把它拿到。"与所有的守财奴一样，他的本性是贪婪的。在现实生活中，守财奴是令人鄙夷的。一个人要是太过吝啬就会受到人们的嘲弄和讽刺，太为金钱的流失而较真，这样的人只能一辈子抱着金钱生活。假如一个人既吝啬又小气，那么他注定会成为"孤家寡人"。

在《儒林外史》中，严监生算是一个守财奴的经典形象了。听听严监生是如何向舅爷诉苦的："便是我也不好说。不瞒二位老舅，像我家还有几亩薄田，日逐夫妻四口在家度日，猪肉也舍不得买一斤，小儿子要吃时，在热切店内买四个钱的哄他就是了。"

严监生临死之前，把手从被单里拿出来，伸着两个指头。大侄子走上前来问道："二叔，你莫不是还有两个亲人不曾见面？"他摇了摇头。二侄子走上前来问道："二叔，莫不是还有两笔银子在哪里，不曾吩咐明白？"他两眼睁得滴溜圆，把头又狠狠地摇了几下，越发指得紧了。

奶妈抱着哥子插口道："老爷想是因两位舅爷不在眼前，故此纪念。"他听了这话，闭着眼摇头，那手只是指着不动。

赵氏慌忙揩揩眼泪，走近上前道："爷，别人都说得不相干，只有我能知道您的意思，您是为那盏灯里点的是两根灯草，不放心，唯恐费了油。我如今挑掉一根就是了。"说罢，忙走去挑掉一根灯草，众人再看严监生时，只见他一点一点把手垂下，登时就没气了。

这个经典的镜头成为了守财奴的标准画像，严监生就是一个为两根灯草而不肯咽气的土财主。人的一生是十分短暂的，钱财跟生命比起来简直是一文不值，哪怕你有万贯家财也不能买下来一秒钟的生命。

从前，有一个十分吝啬的人，他从来没有想过要给别人东西，连别人叫他说"布施"这两个字，他都讲不出口，只会"布、布、布……"大半天过去了，他还是"布"不出来，好像自己一讲出这两个字就会有所损失似的。但是，唯一让他感到纳闷的是，比他还要穷的人都生活得快乐幸福，但他却不知道幸福的滋味。

佛陀知道了这件事，就想去教化这个吝啬的人，佛陀来到了他住的城镇，开始宣扬"布施"。佛陀告诉大家布施的功德：一个人这辈子会富有，会比别人长得漂亮，所有一切美好的事物，都跟他上辈子的布施有关。那个吝啬的人听了佛陀的话，心里很有感触，但是，自己就是布施不出去，他为此而感到懊恼。于是，他跑去找佛陀，对佛陀说："世尊啊！我很想布施，但是，就是做不到，你能告诉我该怎么办吗？"佛陀在

第 1 章
淡泊名利，人生不该被无止境的贪念控制

地上抓了一把草，将草放在那个吝啬人的右手上，然后要他张开自己的左手，告诉他说："你把右手想成是自己，把左手想成是别人，然后把这草交给别人。"可是，那个吝啬的人一想到要把这草给别人，他就呆住了，心里不舍得拿出去。他看了看自己的左手，赫然发现："原来左手也是我自己的手。"他心里豁然开朗，一下子就把草交出去了。佛陀笑着说："现在你就把草交给别人吧。"那个吝啬的人真的将草交给了别人。在以后的生活中，他学会了将自己的财物布施给别人，最后把自己的房子也布施给了别人，然而，他的身心获得了一种从来没有体验过的幸福与快乐。

一个人无法给予另一个人发自肺腑的关爱，就不可能获得精神上的快乐。虽然，我们付出了一些金钱，但却给别人带来了快乐，这何尝不是一件美好的事呢？

1. 不计较在金钱上对别人的帮助

有时候，身边的朋友或同事在金钱上有了困难，我们应该大方援助，因为在帮助别人的同时，我们也将收获一份精神上的快乐。

2. 看淡金钱

俗话说："钱乃身外之物，生不带来，死不带走。"在生活中，能够体会到幸福与快乐的只有我们的内心。对金钱，我们要看淡，这样我们才不会被金钱所驱使。我们要学会成为金钱的主人，而不是金钱的奴隶。

名誉不过是过眼云烟，何必苦苦追求

当一个人成功了，他所收获的不仅仅是利益，还有名誉。名誉与身份、地位是相关联的，它只是一种象征，是一种隐喻。不过，就中国传统文化而言，人们对名誉的重视程度丝毫不亚于其对经济与金钱的重视程度。对某些达官显贵而言，名誉问题会影响权位，这是必须尽力维护的东西。殊不知有时候，名誉的光环只会笼罩一时，如果你一辈子活在这个荣誉的光环之中，那无疑是停止了自己的脚步，同时也局限了自己的人生。

居里夫人是一位卓越的科学家，生前曾两次获得诺贝尔奖，107次获得名誉头衔。但正如爱因斯坦说的："在所有的著名人物中，居里夫人是唯一不被名誉所腐蚀的人。"

有一天，居里夫人的一个女友来她家做客，忽然看见她的小女儿正在玩英国皇家学会刚刚奖给她的一枚金质奖章，女友大吃一惊，忙问："居里夫人，能够得到一枚英国皇家学会的奖章，这是极高的名誉，你怎么能让孩子玩呢？"居里夫人笑了笑说："我是想让孩子从小就知道，名誉就像玩具，只能玩玩而已，绝不能永远守着它，否则将一事无成。"

1910年，法国政府为了表示对居里夫人的尊崇，决定授予她骑士十字勋章，但是居里夫人拒绝接受。几个月后，她和杰出的物理学家、著名的天主教徒布朗利一起竞选科学院院士。

第 1 章
淡泊名利，人生不该被无止境的贪念控制

但是，当时许多人反对女性进入科学院，最后，居里夫人只差一票落选了。

居里夫人所在实验室的青年物理学家们都在默默地准备一些安慰的言辞，想给自己的导师一些慰藉。没想到居里夫人就像平常一样微笑着从她的工作室里走了出来。她非常平静，甚至没有对这次竞选说一句评论的话。大家都非常钦佩她，非常感动。

两次获得诺贝尔奖，这对于普通人而言，是何等的殊荣。但对居里夫人而言，却是："我是想让孩子从小就知道，名誉就像玩具，只能玩玩而已，绝不能永远守着它，否则将一事无成。"名誉只是暂时的，它所闪耀出来的光环也是一时的，如果你仅仅依靠着名誉过日子，那最后可能连最初那点光环也会渐渐地暗淡下去。

莱特兄弟，也就是维尔伯·莱特和奥维尔·莱特，他们是美国发明家。1903年他们成功地完成首次飞行试验后，兄弟两人名扬全球。虽然成了世界知名人物，然而他们却完全没把声名放在心上，只是默默地工作，不写自传，不参加无意义的宴会，也从不接待新闻记者。

有一次，一位记者要求哥哥维尔伯发表讲话，维尔伯回答说："先生，你知道吗，鹦鹉喜欢叫得呱呱响，但是它却怎么也飞不高。"

有一次，奥维尔和姐姐一起用餐，吃到一半，奥维尔顺手从口袋摸出一条红丝带擦嘴，姐姐看见了问他："哪来的手帕这么漂亮？"

奥维尔毫不在意地说："哦，这是法国政府发给我的荣誉奖章，刚刚嘴巴沾油没手帕用，我就拿来擦嘴了。"

不可否认，名誉是对一个人成功的奖赏，对其本人而言，应该值得去回味。但与此同时，名誉也可能会变成一个休止符，如果你满足于目前所拥有的名誉，不再奋斗，甚至将所有的心思都花在了如何保持自己的名誉上，那么你就会让自己停止前进的脚步。

1. 放下名誉

因为放不下名誉，一些人一味地追求虚名与浮利，紧张忙碌，疲于奔命，最后在周围喧闹的欢呼声中迷失了自己。因为放不下名誉，他们害怕受打击，墨守成规，小心翼翼，满足于自己目前所拥有的成绩；因为放不下名誉，他们东奔西跑，请客送礼，只为保住自己的名誉，但最终他们还是会与之前所得的名誉背道而驰、渐行渐远。

2. 正确看待名誉

其实，名誉本身无所谓好坏，最关键的是你如何看待。人们往往容易忘却过去的失意愁苦，却舍不得那些名誉带来的耀眼光环。殊不知，只有告别过去，我们才能投入当下，创造新的生活。学会看淡名誉，轻松前行，我们将会走得更远。

第 2 章
CHAPTER 2

凡事别固执，
过分执着只会束缚身心

在生活中，我们常说：再坚持一下兴许就会成功。通常我们会以这句话来勉励自己，但当我们知道前面已经无路可走的时候，这样的坚持是否有点太过于执着呢？钻牛角尖只会让自己的身心被束缚，最终使自己陷入痛苦的泥沼中。

不属于你的生活，不要盲目追求

有人说："追求幸福的人分两种：一种是追求属于自己的幸福，另一种是追求属于别人的幸福。"前者懂得定义属于自己的幸福，而后者只是追逐他人定义的幸福。在生活中，我们何尝不是这样呢？有时候，我们生活得并不如意，若是问为什么，我们的回答却是："我没有达到某种生活的标准。"我们总是听别人说，有了房子才有安全感，于是就为了别人所定义的"安全感"背上了十年二十年的债务，节衣缩食，心不甘、情不愿地当起了房奴；我们总是听别人说，在高级餐厅里约会才是最浪漫的，于是我们就将这当成一种美好生活的表现，宁愿吃方便面也要勒紧裤带去潇洒一次；我们总是听别人说，没去过健身房就不够时尚前卫，于是我们就赶紧去健身房报名，学那些自己并不感兴趣的课程，只是为了达到别人所定义的"幸福生活"。但那些生活真的属于自己吗？为什么即便我们达到了这样的生活标准，却还是不快乐呢？究其原因，在于我们总是在一味地追求那些不属于自己的生活，就好像我们穿着不合尺寸的衣服，不是嫌太大，就是嫌太难看。

生活是自己过，而不是给人看，别人生活的标准并不可能就真的适合自己。因为生活的幸福和快乐是自己内心的一种感受，如果只是迎合别人，难免会苦了自己。那些苦苦追求不属于自己生活的人，他们与自己的心灵对峙着。换言之，他们总是与自己较真，越是不属于自己的，越是要去尝试。在羡慕嫉妒他人的过程中，他们浑然忘记了自己原本美好的生活，而是将别人的生活当成是自己生活的标准。卞之琳说："你在桥上看风景，看风景的人在楼上看你。"其深层含义在于，虽然我们每个人都把别人当作风景，但其实在别人眼中，你何尝不是一道美丽的风景呢？所以，不要跟自己较真，要学会对自己的生活释怀，因为属于自己的生活才是幸福快乐的生活。

《伊索寓言》里记载了下面这样一个小故事。

一只来自城里的老鼠和一只来自乡下的老鼠是好朋友。有一天，乡下老鼠写信给城里的老鼠说："希望您能在丰收的季节到我的家里做客。"城里的老鼠接到信之后，高兴极了，便在约定的日子动身前往乡下。到了那里之后，乡下老鼠很热情，拿出了很多大麦和小麦，请城里的好朋友享用。看到这些平常的东西，城里的老鼠不以为然："你这样的生活太乏味了！还是到我家里去玩吧，我会拿很多美味佳肴好好招待你的。"听到这样的邀请，乡下老鼠动心了，于是便跟着城里老鼠进城了。

到了城里，乡下老鼠大开了眼界，城里有好多豪华、干净、冬暖夏凉的房子。看到这样的生活，它非常羡慕，想到自己在乡下从早到晚都在农田上奔跑，冬天还得在那么寒冷的雪地上搜集粮食，夏天更是热得难受，跟城里老鼠比起来，自己真是太不幸了。

到了家里，它们就爬到餐桌上开始享用各种美味可口的食物。突然"咣"的一声，门开了。两只老鼠吓了一跳，飞也似的躲进墙角的洞里，连大气也不敢出。乡下老鼠看到这样的情景，想了一会儿，对城里的老鼠说："老兄，你每天活得这样辛苦简直太可怜了，我想还是乡下平静的生活比较好。"说罢，乡下老鼠就离开城市回乡下去了。

显而易见，这个故事的寓意在于：适合自己的生活方式并不一定适合别人，同样，适合别人的生活方式也不一定适合自己。因此，如果自己当下生活得还不错，那应该过好属于自己的生活，而没必要去追求别人定义的生活。我们应该明白，别人的快乐和幸福并不一定适合自己。

1. 别人的生活不一定适合自己

我们总是向往着这样的生活：条件优秀的伴侣、可爱的孩子、宽大的房子、豪华的轿车、稳定的工作。在我们看来，似乎这样的生活才是最幸福快乐的。但这样的生活适合自己吗？较真，有时候就是自己的外在与内心互相对峙，明明这是自己心里不喜欢的，但我们却为了迎合别人的眼光，而刻意将自己的生活变得一团糟。所以，为了学会享受自己的生活所带来的快乐与宁静。应放下对别人生活羡慕嫉妒的

第 2 章
凡事别固执，过分执着只会束缚身心

眼光，放下内心的固执与较真。

2. 定义属于自己的生活

生活也是因人而异的，很多时候我们并不快乐，那是因为我们总是与自己较真，没有按照自己喜欢的方式去生活，而总是在不经意间迎合别人的要求，刻意改变自己，违背内心真实的想法，所以我们才会变得不快乐。所以，放下那些所谓的"标准意义的生活"，按照自己真实的想法去生活吧！我们应该记住，真正让自己快乐的是自己的内心而非别人的眼光。

无谓的坚持，只会束缚你的身心

在很多时候，过分执着并不是一个好品质。它就像是一个魔咒，禁锢着我们的身心，似乎我们不朝着之前的方向继续走下去就对不起良心。执着本身是一种可贵的品质，但凡事都有一定的限度，"执着"也是一样，适当的执着会体现出我们个人的魅力，同时也可以让问题变得更简单一点。但若是不顾一切地执着、太过分地执着则会将我们的身心束缚。我们总是放不下，总是不愿意放弃，只是固执地朝着一个方向前进，这样的坚持是无谓的，如果我们最终闯入的是死胡同，这样执着的后果也是可悲的。虽然，对生活执着是一种坚定的信念，对工作执着是一种精神寄托，对爱情执着是一种人生的美德。但若是在应该放弃时不放手，就会使自己不堪重负，活得很累，甚至有可能使自己走向另外一种悲惨的结局，同时也让自己身心疲惫。

在生活中，有的人活得像小河里的溪水，虽然平静无波，却有顽强的生命力和战斗力，它能够经受暴风骤雨的侵害，也可以坦然面对夏日骄阳的炙烤，它从来不畏惧世界上的诸多变化。一个人活着也是一样，人要有信念，但不能过分执着，不能与生命较真，不妨学会顺其自然，对生命中的意外和阻挠不必过于强求，这样方能阻止自己生命的脚步过快地到达终点。人的一生就好像花开花落，周而复始，没有什么花是永远不凋谢的，对待上天的安排，应该顺其自然，千万不能太过于执着。太较真是一种疼痛、一种心魔，它不断侵蚀我们内心简单的快乐，最后，我们只能满身疲惫地倒下。

王大爷年轻时是村里的干部，后来因为某件事没处理好，他被迫离职了。离职的时候，王大爷已经快五十了，在那一瞬间，他觉得生活好像没有了希望。他一直不肯承认自己竟然变成了跟隔壁大婶一样的百姓，总觉得自己还是支部书记。他经常会去政府与上级领导沟通，说自己的苦闷，说自己的无所事事，说自己的孩子上学没学费，希望领导能解决这些问题。领导无奈地说："你现在已经离职了，不是干部了，这些事情你自己能解决的就自己解决，自己不能解决的，就找你们村里的干部。"王大爷固执地说："我不相信他们，我只相信我自己

第2章 凡事别固执，过分执着只会束缚身心

和你们。"王大爷每次都去闹，刚开始大家还看在他是老干部的分儿上跟他聊聊，但时间长了，大家都清楚了他的脾气，知道他很固执，就能躲就躲，能避开就避开。

在平时生活中，王大爷总是对自己被迫离职的事情耿耿于怀，十分较真。他在家里动不动就说："如果我现在还是村里的干部，那村里肯定不是现在这样子。"家里人都开始厌烦他的唠叨了，老伴没好气地说："你在执着什么？你现在已经是百姓了，就应该有百姓的样子，有什么放不下的？有什么解不开的心结？简直是自己折磨自己。"其实，王大爷确实陷入了一个怪圈，他越是执着于自己被迫离职的事情，就越是痛苦，想想之前的辉煌日子，再想想现在平凡的自己，越想越不是滋味，最终搞得自己身心疲惫。

其实，王大爷所放不下的是内心的执着，而不是其他，因此他过得很痛苦。如果他真的放下了内心过分的执着，以正常的心态回归到一个百姓的身份，他就会觉得生活依然充满着阳光。有些事情既然已经发生了，毫无回旋的余地了，那我们就要学会接受，而不是太过于执着。过分执着只会让自己更加疲惫，不如放松身心，给自己一个舒适的心灵环境。

1. 适时修葺自己的信念

人生需要有信念，这样我们的生命才有前进的方向。但是，信念只有与自己合拍的时候，才能更好地发挥出引航的作用。因此，在人生的路途中，我们要适时修葺自己的信念，让

不较真的
心理智慧

它与自己合拍，对于某些不切实际的想法，我们不应太较真、太执着，而是要学会放弃，适时找到合适自己的人生信念，这样我们的生命才会更加绚丽灿烂。

2. 此路不通，不如拐弯走向另外一条大道

如果我们希望与别人合作，并且已经向对方明确地表达了态度，但对方却毫无回应，在这样的情况下，与其继续留下来攻坚，不如转身离去，把精力用来寻找新的目标。每个人做事都有自己的理由，有时放弃是对别人的尊重，是一种明智的选择。大量事实表明，第一次不能成功的事情，以后成功的概率也是很小的，纠缠下去只会惹人厌烦。与其把80%的精力耗费在20%的希望上，不如以20%的精力去寻找新的目标，说不定还有80%的希望。

凡事不钻牛角尖，给自己留个出口

从小，我们就知道这样一个道理：只有不断地前进才能获得成功。其实，生活本来就是起伏不定的，如果你一直向前走，不愿意留给自己一个回旋的空间，那很有可能会钻进一条死胡同，这样的情况自然是难以成功的。不过，大多数人并不懂得这个道理，他们只会一个劲儿地向前冲。虽然我们欣赏这样的决心，但并不赞赏这样的行为。如果在前进的路途中，

我们没能给自己留下一个回旋的空间，这就是犯了孤注一掷的错误，结局往往是悲惨的。人们总是觉得在前进时若是选择退却，那就意味着放弃、软弱和失败，实际上这样的理解是错误的。那些懂得适时回旋的人才能铸就人生的波澜起伏，才能绽放人生本来无尽的绚丽多彩。坚持是我们所需要的力量，但适时退却，为自己寻找一个回旋的空间也是人生中不可或缺的大智慧。

克里斯多夫·李维以主演《超人》而蜚声国际影坛，但就在1995年5月，在一场激烈的马术比赛中，他意外坠马，成了一个高位截瘫者。当他从昏迷中苏醒过来时，对大家说的第一句话就是："让我早日解脱吧。"出院后，为了让他散散心，舒缓肉体和精神的伤痛，家人经常会推着轮椅上的他外出旅行。

有一次，汽车正穿行在蜿蜒曲折的盘山公路上，李维静静地望着窗外。他发现，每当车子即将行驶到无路的关头时，路边都会出现一块交通指示牌："前方转弯！"而转弯之后，前方照例又是柳暗花明，豁然开朗。山路弯弯，峰回路转，"前方转弯"几个大字一次次冲击着他的眼球，他恍然大悟：原来，不是路已到尽头，而是该转弯了。他冲着妻子大喊："我要回去，我还有路要走！"

从此，他以轮椅代步，当起了导演，他首次执导的影片就荣获了金球奖。他还用牙咬着笔，开始了艰难的写作。他的第一部书《依然是我》一问世，就进入了畅销书排行榜。同时，他创立了一所瘫痪病人教育资源中心,他还四处奔走为残疾人的福利事业筹募善款。

美国《时代》周刊曾以"十年来,他依然是超人"为题报道了克里斯多夫·李维的事迹。文章中,李维在回顾他的心路历程时说:原来,不幸降临时,并不是路已到尽头,而是在提醒你该转弯了。

如果克里斯多夫·李维以"让我早日解脱"的信念生活,那估计他的余生会在抑郁中了结,那么这个世界上就缺少了一个好导演和好作家。当然,这只是如果,就好像克里斯多夫·李维自己所说:"原来,当不幸降临时,并不是路已到尽头,而是在提醒你该转弯了。"当前面已经是死胡同了,为什么不选择退一步,给自己找一个休憩的地方呢?当自己重新燃起了信念之火,那我们就可以重新开辟出一条新的道路。

康多莉扎·赖斯出生于1954年11月14日。小时候有"神童"之誉的她,从小就跟着当小学音乐教师的母亲弹钢琴,4岁时就开了第一个独奏音乐会。她不但学习成绩极其出色,跳了两次级,而且把网球和花样滑冰玩得特别出色。16岁时,赖斯进入丹佛大学音乐学院学习钢琴,她梦想成为职业钢琴家。她在音乐方面独具的天赋和他人难以企及的家学,让大家都相信过不了几年她就会成为乐坛翘楚。

可是,出人意料的是她打起了"退堂鼓",开始了崭新梦想的破冰之旅。原来在著名的阿斯本音乐节上,她受到了打去。"我碰到了一些十一岁的孩子，他们只看一眼就能演奏那些我要练一年才能弹好的曲子"，她说，"我想我不可能有在卡内基大厅演奏的那一天了。"于是，她开始重新设计自己的未来并发现了新的目标——国际政治。"这一课程拨动了我的心弦"，她说，"它的确吸引着我。"她从此转而学习政治学和俄语，并找到了她一生追求的事业。

赖斯并没有追随儿时的梦想成为一名钢琴家，而是在大家都看好她的情况下选择了"退却"，并开始了崭新梦想的破冰之旅。她发现了自己再坚持下去，也难以取得超越别人的成就，所以，她果断地选择了放弃，不再固执。休憩之后，她重新设计了自己的未来，果然，她似乎更适合拼搏于政坛。

1. 学会转弯

当发现前方已经是一条死胡同时，我们就要学会转弯。转弯并不是逃避，当这件事情失败了，我们还可以改做别的，这并不能说明一个人没有毅力。正所谓"天生我材必有用"，闯入死胡同并不可怕，可怕的是你一直跟自己较真。转弯是为了寻找更好的道路以便前行，而并非逃避。

2. 不要等头撞南墙才回头

有的人太固执，太较真，不撞南墙不回头。在人生旅途中，这样的人总是会多走一些弯路，最后也难以获得成功。为什么一定要看到悲惨的结局才放弃呢？在生活中，不要太较真，理智地放弃才是最聪明的做法。当我们发现前方已经无路

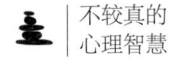

可走，就要学会退却，选择另外一条路，不要等自己撞得头破血流了才放弃，这是相当愚蠢的。

智者，懂得审时度势和顺应时势

懂得适时改变，这是智者的选择。莎士比亚曾说："别让你的思想变成你的囚徒。"当一个人的思想被禁锢了，他就无法为自己寻找一条生路了。要想获得成功，我们就必须懂得适时改变，故步自封或一成不变只会将我们推向无法回头的境地。一艘在大海里航行的船只，如果想要行驶到目的地，就应该懂得见风使舵。纵观世界万物，它们因为变通而得以生存：为了适应大漠的风沙，仙人掌将叶子退化为刺；为了适应西北的狂风，胡杨扎根百米宽；为了适应海水的动荡，海带褪去了根须。

萧伯纳说："明智的人使自己适应世界，而不明智的人只会坚持要世界适应自己。"懂得适时改变，实际上就是适时改变自己，我们改变不了处境，但却可以改变自己；即使改变不了过去，也可以改变现在。在通往成功的路上，我们没有必要那么较真，既然前面的路行不通，那就走路边的小径吧。适时改变并不是背叛，而是审时度势之后作出的正确选择。在前途茫然的时候，适时改变是一种理智；在误入歧途时，适时改变是一种智慧；在逆境中适时改变，是一种远离苦难的策略。

战国时期，有个秦国人名叫孙阳，他精通相马，无论什么样的马，孙阳都能一眼分出优劣，人们都称他为"伯乐"。在经过多年的相马以后，孙阳将自己积累的经验和知识写成了一本书《相马经》。孙阳的儿子看了父亲的《相马经》，就拿着这本书到处去寻找好马，按照书里的特征，他在野外发现了一只癞蛤蟆，儿子觉得这与父亲所描写的千里马的特征十分相似。于是，他兴奋地将癞蛤蟆带回家，对父亲说："我找到了一匹千里马，只是马蹄短了些。"孙阳一看，没想到儿子如此愚蠢，悲伤地叹息："所谓按图索骥也。"

"按图索骥"这个词语后用来讽刺那些不懂得改变的人。池田大作曾说："权宜变通是成功的秘诀，一成不变是失败的伙伴。"在战胜逆境的过程中，最重要的事情就是注意转弯。成功路上，需要我们坚持到底，但若是遇到了挫折与困难，懂得转弯和改变也同样重要，千万不能食古不化，固执己见，否则只会让自己离成功越来越远。

美国威克教授曾经做过一个有趣的实验：他把一些蜜蜂和苍蝇同时放进了一只平放的玻璃瓶里，瓶底对着有光的地方，瓶口则对着暗处。结果，那些蜜蜂拼命地朝着有光亮的地方飞去，最终因力气衰竭而死，而那些到处乱窜的苍蝇竟然溜出了瓶口。威克教授告诫人们："在充满不确定的环境中，有时我们需要的不是朝着既定方向执着努力，而是在随机应变中寻找求生的路，不是对规则的遵循，而是对规则的突破。我们不能否认执着对人生的推动作用，但我们也应该看到，在一个经常变化的世界里，变通的行为比有序地衰亡要好得多。"

只知道不切实际坚持的蜜蜂最终走向了死亡，而懂得变通的苍蝇却生存了下来。执着与适时改变是两种人生态度，不能简单地说谁比谁更适合自己，但是，单纯的执着与改变都是不完美的，只有将两者结合起来才能达到成功。执着的精神令人敬佩，它可以使我们永远地坚持下去，如果这条路是正确的，那自然是最完美的结局；但是，如果这条路根本就是一条死路，无谓的坚持只会断送自己的美好前程，我们不妨适时变通，丢掉不切实际的坚持，变通将使我们受益匪浅。

李维斯品牌的创立，就来源于适时改变的智慧。威廉、约克和李维相约去美国淘金，当他们到达目的地以后，却发现比金子更多的是淘金者。面对这样的情况，威廉决定还是去淘金，因此，过着劳苦而贫困的生活；约克发现了废弃在沙土中的银，开始了自己冶银的事业，很快就成为当地的富翁；李维则决定卖耐磨的帆布裤，并经过改造，创造出了牛仔裤，创立了世界名牌李维斯。灵活的变通，让约克和李维都获得了成功，只有威廉坚持不切实际的想法，最后一事无成。

1. 思想不能太顽固不化

爱默生说："宇宙万物中，没有一样东西像思想那样顽固。"假如我们总是以既定的思维做事，即使闯入了死胡同也要撞得头破血流，那么，最后我们将作茧自缚。思想太顽固，太过于较真，那我们最终所走向的将是一条没有出路的死胡同。

2. 在逆境中，尤其需要懂得适时改变

一个人是否能够成功，关键在于自己的心态，认识自我，超越自我，但是不能脱离实际，必须合情合理地来确定自己的人生目标。一个人在面对困难时所坚持的信念，要远比任何事情都重要，因为信念将决定命运。身处逆境，我们要懂得适时改变，既有坚持，也需要适时放弃，因为做事灵活、懂得变通的人，总是能够赢得最后的成功。在逆境中，不切实际地坚持是愚蠢的，这样只会使自己在逆境中僵持得更久。所以，面对逆境，我们要懂得适时改变，丢掉不切实际的坚持。

坚持可以，但不能做无谓的坚持

柏拉图曾说："有些人的遗憾莫过于坚持了不该坚持的，而放弃了自己不该放弃的。"坚持，是一个鼓动人心的词，每当在我们不能继续的时候，头脑中就会冒出"坚持"这个字眼。但是，我们何曾想过，所有的坚持都有用吗？实际上，我们并不明白，有些坚持是无谓的，甚至，理智的放弃比无谓的坚持更明智。在生活中，有的人一直在坚持着，但他能坚持到什么时候，为了什么而坚持，旁人却不得而知。当我们的坚持已经达到一定限度，但事情的结果却不遂人愿时，我们就应该反思了：这样的坚持有用吗？这种坚持是否是无谓的？如果坚持下去没有结果，那不妨选择放弃，另寻捷径，这样才能达到目的。凡事都坚持的人其实是钻牛角尖的人，他们对生活太过于较真、太固执，总是一条路走到黑，结果却毫无所获。因此，在生活中，我们要明白，有些坚持是无谓的，这样的坚持可以适可而止。

马嘉鱼很漂亮，银色的皮肤，燕尾，大眼睛，平时生活在深海中，春夏之交溯流产卵，随着海潮游到浅海。渔人捕捉马嘉鱼的方法挺简单：用一个孔目粗疏的竹帘，下端系上铁浮，放入水中，由两只小艇拖着，拦截鱼群。

马嘉鱼的"个性"很强，不爱转弯，即使闯入罗网之中也不会停止前进，所以会一条条"前赴后继"地陷入竹帘孔中。孔收缩得越紧，马嘉鱼就越被激怒，瞪起眼睛，更加拼命往前冲，结果更是被牢牢卡死，为渔人所获。

在生活这张大网中，我们何尝不是那一条条马嘉鱼呢？我们一方面抱怨人生之路越走越窄，看不到未来的希望，但另一方面却总是坚持一些无谓的东西，习惯在以前的老路上继续走下去，结果，我们有了跟马嘉鱼一样的命运。

1. 理智地放弃比无谓地坚持更明智

为什么说有些坚持是无谓的？那是因为继续坚持下去也不会有任何希望，只能是浪费更多的时间和精力，这样的坚持，就可以说是无谓的，面对这样的情况，理智地放弃才是最明智的选择。

2. 生活需要我们适时改变方向

不知道你有没有注意过我们脚下的路，你是否观察到没有一条路的方向是既定不变的。在遇到高耸的山脉时，它也总是绕道而行，这样便能节省人力。在不同的路之间，总会有交叉的时候，那意味着你可以换一个方向。其实，生活也是一样，也需要适时改变方向，这样我们才能展现出自我的价值。

跳出条条框框，你的人生才有了更多可能

一个人抓了一对跳蚤，放在一个木头箱子里。开始的时候，跳蚤不断地往上跳，但多次撞到盖子之后，跳蚤再也不敢往上跳了，它们只好在箱子中间跳，因为它们认为，往上跳就会碰到头。后来，这个人把箱子的盖子拿开了，跳蚤虽然可以轻而易举地跳出来，但它们却依然在箱子中间跳，始终跳不出来。在生活中，很多人跟这些跳蚤一样，总是生活在这样的框框之中。有的人活在"年龄"这个框框中："我太年轻了，没有经验，不能成功""我太老了，已经没有力量去拼搏了"。其实，这些人之所以有着毫无生气的人生，原因在于他们没能跳出固定的框框。还有的人活在能力的框框中，他们总

是对自己说："我没有这个能力，没有那个能力，所以我不能做到。"有的人活在性别的框框中，总是对自己说："我是女人，不像男人可以埋头拼事业，所以我做不到。"有的人活在过去的经验中，总对自己说："因我以前失败过。"如果我们对自己的人生某些地方不满意，那一定是有某些框框限制了我们的行动，只有跳出框框，不再较真，才能延展人生的宽度。

王国维在《人间词话》里说："诗人对于宇宙，须入乎其内，又须出乎其外。入乎其内，故能写之。出乎其外，故能观之。入乎其内，故有生气。出乎其外，故有高致。"这几句简单的话给予了我们最好的启示：不管是做人还是做事，都需要懂得创新，不能太死板，也不能拘泥于某个地方，而是要跳出这个框框，让人生变得更有延展度。在现实生活中，我们在处理一些问题的时候，绝大多数人都习惯性地按照常规思维去思考，总是因循守旧，由于不懂得变通，所以最终走向了失败。如果我们能大胆地跳出这个框框，那么就会发现在"山重水复疑无路"之后，就会迎来"柳暗花明又一村"。

章鱼的体重可达几十公斤，但它的整个身体却非常柔软，柔软到几乎可以将自己挤进任何一个想去的地方，它竟然可以穿过一个银币大小的洞。一些渔民掌握住了章鱼的这一特点，便将小瓶子用绳子串在一起沉入海底。章鱼一看见小瓶子，都争先恐后地往里钻，不管这个瓶子有多么小、多么窄。

结果，这些在海洋里横行霸道的章鱼，就成了瓶子里的囚徒，成为渔民的猎物，最后成为了人们餐桌上的一道美味。

整个海洋异常宽阔，但章鱼却偏偏要向一个瓶子里钻，最终丢掉了自己的性命。也许，你会嘲笑章鱼的愚笨，但实际上，生活中的我们在很多时候都像章鱼一样，不懂得跳出来，导致了最后的失败。

王先生在20岁的时候，梦想着成为一名培训师，但他想到自己才20岁，便觉得自己不可能成功。他认为要到自己四十岁以上才会有人听自己演讲。由于这样一直给自己设定框框，他一直没有成为一名培训师。等到了40岁的时候，他才发现时间是不等人的。这时王先生决定跳出"年龄"这个框框，大胆突破，以个人的经历进行职业生涯规划的培训并巡回演讲，开发出了自己的潜能，改变了人生。

有一次，王先生在某单位进行商务礼仪方面的培训，一位姓刘的学员问他："老师，我的梦想也是当培训师，但是我做不到。"王先生问道："为什么？"那位学员回答说："因为我刚二十岁，你们这些培训师都四十岁了，有经验，经历丰富，我是不是年纪太小了？"王先生说："其实是你把自己设在框框当中，跳不出框框，也就追求不到自己想要的结果。你还年轻，充满活力与朝气，这就是优势，世界著名演说家安东尼·罗宾二十三岁就成功了。"后来，经过王先生的指导，那位学员不但跳出了年龄的框框，而且很快开始行动，现在已经是一位管理顾问公司的负责人了。听到这样的消息，王先生对

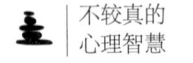

那位学员的成长感到很欣慰。

每一个平凡人的成功，都源于他们能够勇于突破框框，向原本自己认为不能做的事情挑战，这样才有了登上顶峰的机会。其实，每一个人在生命的旅程当中都会遇到一些框框，那些框框就好像一条条绳子，紧紧地禁锢着我们自由的心灵。因为固执、较真，我们总不愿意自己跳出框框，所以才造就了失败的命运。

1. 跳出框框的指南就写在框框以外

框框会扼杀创造性思维、解决方案和创造力，它是外部环境强加给我们的。一位禅宗老师说："跳出框框的指南就写在框框之外。"有时候，束缚我们的框框是我们自己创造的，在这个世界上，也只有我们自己才有力量挣脱束缚，给心灵一个自由的空间。

2. 要相信自己

那些不敢跳出框框、在框框里徘徊的人，其实大多都是比较自卑的人，他们不愿意相信自己有能力去做成一些事情。在内心深处，他们是自卑的，因此，他们只能在框框里忍受被禁锢的痛苦，却没勇气跳出框框。当然，跳出框框的勇气来源于自信，只有充分地相信自己，才有力量和决心来跳出框框，否则，我们只会终生徘徊在框框里。

第 3 章
CHAPTER 3

不与自己斗气，
学会接纳人生的种种不完美

较真，从心理学的角度说，是对自己的一种苛责。在生活中，当别人犯了一点儿错误，我们会以包容的心态待之；但若是对自己，人们就会处处较真，容不得自己有半点儿瑕疵。所谓"容人也要容己"，千万不要让较真拖累了自己。

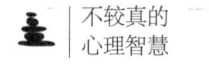

与其嫉妒，不如向他人学习

古人曰："人有才能，未必损我之才能；人有声名，未必压我之声名；人有富贵，未必防我之富贵；人不胜我，固可以相安；人或胜我，并非夺我所有，操心毁誉，必得自己所欲而后已，于汝安乎？"所谓的嫉妒，就是容不得他人强过自己，见不得别人比自己过得幸福。所谓"一山还有一山高"，在生活中，比我们优秀的人比比皆是，对于那些才能、资质都在我们之上的人，我们需要用宽广的心胸来容纳他们，我们可以羡慕他们，但绝不能嫉妒他们。在这个社会，我们需要承认这样一个事实：自己虽然是独特的，但绝不是最优秀的那一个。我们应只愿自己尽善尽美，而不应挖空心思去打击报复那些强过我们的人。

在管仲落魄的时候，鲍叔牙对他说："如果你愿意，咱们俩合伙做生意吧。"管仲答应了，两人结拜为兄弟。由于管仲家里比较贫穷，做生意的本钱都是由鲍叔牙出，但是赚来的钱，鲍叔牙总是把多的一半分给管仲。这令管仲很过意不去，鲍叔牙却说："朋友之间应该互相帮助，你家里不富裕，就别客气了。"过了一阵子，两人一起去当兵，在向敌方进攻时管仲总是躲在后面,而大家撤退时他又跑在最前面,士兵们纷纷议论管仲贪生怕死,鲍叔牙却替管仲解释说:"管仲家里有老母亲,他保护自己是为了侍奉母亲,并不是真的怕死。"管仲听到了这些话非常感动,感叹道:"生我的是父母,了解我的是叔牙啊!"

后来,齐桓公在鲍叔牙的帮助下取得了王位,于是,在他继位之后,立即封鲍叔牙为宰相。而管仲当时帮助的则是公子纠,齐桓公继位之后,管仲被囚,鲍叔牙知道自己的才能不如管仲,于是对齐桓公说:"管仲是天下奇才,大王若是能得到他的辅佐,称霸于诸侯将易如反掌。管仲并不是与你有仇,只是当时效忠公子纠而已,大王若不计前嫌重用他,他也一定会忠于您。"不久之后,齐桓公重用了管仲,在管仲与鲍叔牙的辅佐下,齐国渐渐强盛了起来。

鲍叔牙因为容得下比自己有才能的管仲,才会向齐桓公举荐自己的这位朋友。虽然,管仲的才能远远在于鲍叔牙之上,但鲍叔牙并没有生出嫉妒之心,反而处处为管仲着想,凡事都帮着他,他们成就了一段感人肺腑的友谊。正所谓"举廉不避亲,举贤不避仇",当我们遇到了比自己更优秀的人时应该心存敬佩,而不应该心生嫉妒。

在战国时期,秦国常常欺侮赵国。有一次,赵王派大臣蔺相如到秦国去交涉,蔺相如见了秦王,凭着自己的机智和勇敢,给赵国争得了不少面子,秦王见赵国有这样的人才,就不敢再小看赵国了。而回到赵国的蔺相如，当即被封为"上卿"。赵王如此看重蔺相如，这可气坏了赵国的大将军廉颇，心想：我为赵国拼命打仗，功劳难道不如蔺相如吗？他不过只凭了一张嘴，有什么了不起的本领，地位倒比我还高！廉颇越想越不服气，嫉妒心开始滋生，他怒气冲冲地说："要是碰着蔺相如，我要当面给他难堪，看他能把我怎么样！"

廉颇的这些话传到了蔺相如耳朵里，蔺相如立即吩咐手下的人，让人们以后碰着廉颇手下的人，千万要让着点儿，不要和他们争吵。廉颇手下的人，看见上卿这样让着自己的主人，更加得意忘形，见到蔺相如手下的人，就嘲笑他们。蔺相如手下的人受不了这个气，对蔺相如说："您的地位比廉将军高，他骂您，您反而躲着他，让着他，他越发不把您放在眼里啦！这么下去，我们可受不了。"蔺相如却心平气和地说："我见了秦王都不怕，难道还怕廉将军吗？要知道，秦国现在不敢来打赵国，就是因为国内文官武官一条心，我们两人好比是两只老虎，两只老虎要是打起架来，不免有一只要受伤，甚至死掉，这就给秦国造成了进攻赵国的好机会。你们想想，国家的事儿要紧，还是私人的面子要紧？"

蔺相如的这番话传到了廉颇的耳朵里，廉颇惭愧极了，想到自己这般嫉妒真的是不应该。正视了自己的嫉妒心理，廉颇毅然脱掉一只袖子，露着肩膀，背了一根荆条，直奔蔺相如家。廉颇对着蔺相如跪了下来，双手捧着荆条，请蔺相如鞭打自己，蔺相如却将廉颇扶了起来。从此，两人成为很好的朋友。

蔺相如能够容得下廉颇，因此愿意放低姿态；廉颇因蔺相如受到赵王的器重而心生嫉妒，这就是心胸不够宽广。当然，在蔺相如宽广的胸怀里，廉颇意识到了自己的嫉妒心，他正视了自己的内心，醒悟之后，做出了"负荆请罪"的义举。有了蔺相如和廉颇并肩作战，赵国才能日益发展壮大。

1. 拥有宽阔的胸襟

当然，容得下别人比自己强，说起来容易，真正做起来却很难。要想做到这一点，我们必须要拥有足够宽阔的心胸，即便对方的势头强过了自己，我们也需要以宽阔的胸襟去容纳。

2. 与其较真，不如学习他人的优秀之处

当看到别人比自己强、比自己优秀时，我们就会生出嫉妒之心。与其一味嫉妒他人，不如尽量从那些比我们强、优秀的人身上学习可贵的品质，努力让自己尽善尽美。

包容他人，不要眼里容不下沙子

卡莱尔说："一个伟大的人，以他对待小人物的方式，来表达他的伟大。"在一些人看来，小人物身上都是有瑕疵的，他们都不够完美，因为存在着这样或那样的缺点，所以他们注定是小人物。但是，作为一个心态豁达的人，即便他面对的是一个满身缺点的人,他也容得下,也会坦然对待。在生活中,那些有着完美追求、容不下他人缺点的人其实是最容易较真的人。他们中的大多数都是完美主义者。刚开始,他们只会苛责自己,希望自己能变得完美。但渐渐地,他们会把对自己的严格要求作为标准来要求自己身边的人,在他们看来,哪怕是一点点缺点,自己也是不能容忍的。于是,他们就在苛责自己与别人的过程中痛苦着,因为在这个世界上,并不存在绝对完美的人和事。维纳斯因为有了瑕疵,才变得如此美丽,人也是一样的。

包布·胡佛是一位著名的试飞员,经常在航空展中表演飞行。有一天,他在圣地亚哥航空展中表演完毕后飞回洛杉矶的途中,在距离地面三百尺的高度,两个引擎突然熄火。由于胡佛技术熟练,他操纵着飞机着了陆,但飞机严重损坏,所幸的是没有人受伤。

在迫降之后,胡佛的第一个行动就是检查飞机的燃料。就像他预料中的一样,他所驾驶的螺旋桨飞机,竟然装的是喷气机燃料而不是汽油。回到机场以后,他要求见见为他保养飞机的机械师,那位年轻的机械师正在为自己所犯的错误难过。当胡佛走向他的时候,他正泪流满面。他造成了一架昂贵飞机的损失,还差一点使三个人失去了生命。

我们可以想象胡佛肯定会震怒,并且可以预料到这位极有荣誉心、事事要求精确的飞行员必然会痛责机械师的疏忽。然而，胡佛并没有责骂那位机械师，甚至没有批评他。相反，他用手臂抱住那个机械师的肩膀，对他说："为了显示我相信你不会再犯错误，我要你明天再为我保养飞机。"

试想，如果胡佛是一个事事较真的人，估计那位年轻的机械师早就被骂得狗血淋头了，甚至会被辞退，从而断送了自己的机械师生涯。幸运的是，胡佛虽然对事情要求很严格，但他并不是一个较真的人，他更懂得包容一个人的不足。

杰弗逊在就任前夕，到白宫去想告诉亚当斯，说自己希望针锋相对的竞选活动并没有破坏他们之间的友情。但杰弗逊还没来得及开口，愤怒的亚当斯就咆哮了起来："是你把我赶走的！"之后，这两个人中止交往达11年之久，直到后来杰弗逊的几个邻居去探访亚当斯，这个坚强的老人仍在诉说那件难堪的往事，但接着便脱口而出："我一向都喜欢杰弗逊，现在仍然喜欢他。"邻居把这句话传给了杰弗逊，杰弗逊便请了一位彼此都很熟悉的老朋友传话，让亚当斯也知道他对亚当斯的深厚友情。

后来，亚当斯回了一封信给他，两人从此便开始了美国历史上最伟大的书信往来。

在杰弗逊与亚当斯的这段友谊中，可以体现出双方都不是较真的人。虽然，亚当斯对于自己竞选总统失败耿耿于怀，但他从内心来说是欣赏杰弗逊的。而杰弗逊，这位伟大的美国总统，他能够容忍亚当斯在落选之后的牢骚，容下了这些他身上

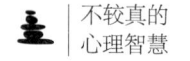

的可爱小缺点。直至多年以后，他们才发现自己已经错过一段友谊太久了，于是，他们重拾当年的情谊，铸就了美国历史上最伟大的友谊。

1. 不要较真他人的缺点

俗话说："金无足赤，人无完人。"人既有优点，也有缺点，这是客观存在的。如果说需要变得完美，那也只能是尽善尽美，而不能是绝对地完美。因此，对于他人的缺点，我们不能较真，而是要抱着宽容的心态待之，这样既放过了自己，又宽待了他人。

2. 容得下他人的"坏毛病"

当我们觉得自己不能容忍别人身上的缺点时，我们应该反省自己：自己身上是否也有同样的缺点呢？既然自己身上也存在同样的缺点，又何必苛求别人呢？所以，对于他人身上的"坏毛病"，我们要学会容忍，对人多鼓励，多赞赏。说不定在我们的宽容之下，他的"坏毛病"就会渐渐地改样的。

关注当下，别为明天烦恼

许多人总是没完没了地考虑明天，预支那些属于未来的烦恼，结果给自己找来了许多烦恼，这就是所谓的"烦恼不寻人，人自寻烦恼"。明天到底会怎么样，我们无从得知，因为明天还是未知的，即便我们对明天有许多猜测和幻想，那也应该对明天怀着美好的愿望，不要既浪费了今天，又给未知的明天蒙上了阴影。尽管我们常说"防患于未然"，但我们若是对未来过度地焦虑和担忧，时间长了，反而会成为一种心理负担，整个人都会陷入焦虑的泥潭，最终不能自拔。我们更需要活在当下，不为未知的明天而较真，珍惜今天。只要做好今天的自己，那明天必然是美好的。

威廉·奥斯勒爵士年轻的时候，曾经是蒙特瑞综合医院的一名医科学生。他在学医的一段时间里，对自己的生活充满了忧虑，不知道怎样才能通过眼下的期末考试，也不知道将来要创立什么样的事业，更不知道明天该怎么去生活。他整天为这些事情担忧着，无心自己的学业。有一天，他无意间在一本书上看见了这样一句话："对我们大家来说，生活中最重要的事情不是遥望将来，而是动手理清自己手边实实在在的事。"正是从书上看到的这句话，改变了这位年轻的医科学生，使他后来成为了最有名的医学家，创建了举世闻名的约翰斯·霍普金斯医学院，并成为牛津大学医学院的钦定讲座教授，那可是学医的英国人所能获得的最高荣誉。

后来，威廉·奥斯勒爵士给耶鲁大学的学生作了一次演讲，他说："像我这样一个曾在四所大学当过教授，撰写过畅销书的人，大家以为我会有'特殊的头脑'。但是事实并非如此，我的朋友都知道，我的脑袋再普通不过。"

有人问他:"那您的成功秘诀是什么呢?"威廉·奥斯勒爵士认为:"我之所以能够成功,是因为我活在完全独立的今天。"

威廉·奥斯勒爵士的话并不是让我们不为明天做准备,而是要让我们尽自己最大的努力,把今天的工作做到完美无缺,不去预支烦恼,这才是应付未来唯一可靠的方法。奥斯勒把每一天都当作是完全独立的,他不会沉溺在过去,也不会为未来忧虑,所以他能够信心满满地应付今天的事情。生活对于他,每一天都是快乐的,每一天都是自由自在的,所以最后他能够在医学上取得瞩目的成就。

一位著名的心理学家为研究"忧虑"问题,做了一个很有趣的实验。

心理学家要求实验者在一个周日的晚上,把自己未来七天内所有忧虑的"事情"都写下来,然后投入一个"烦恼箱"里。三周过去了,心理学家打开了"烦恼箱",让所有实验者一一核对自己写下来的每个"烦恼"。结果发现,其中90%的"烦恼"并没有真正发生。

这时,心理学家要求实验者将真正的"烦恼"记录,并重新投入"烦恼箱"。三周很快又过去了,心理学家又打开了"烦恼箱",让所有实验者再一次核对自己写下的每个"烦恼",结果发现,许多曾经的"烦恼"已经不再是"烦恼"了。实验者们感觉到,对于烦恼,总是预想得比较多,但真正出现的很少。

对此，心理学家得出了这样的结论：一般人所忧虑的"烦恼"，有50%是明天的，只有10%是今天的，而最终的结果是，至少有90%的烦恼是自己幻想出来的烦恼，至于今天的烦恼，则是完全可以轻松应对的。

对未来生活的焦虑和恐惧，成为现代人普遍的一种心理，即使人们当下的生活过得很不错，仍会不自主地担心未来，总是没完没了地考虑明天会怎么样。这样只会让我们的心变得更加沉重，如果总是将多余的心思花在考虑明天的事情上，那生活是不会平静的，烦恼只会接踵而至。如果我们无视今天的生活，总是担心明天会发生什么，这样所造成的结果是我们不能过好当下的今天，反而置自己于忧虑之中。

1. 不要为明天的烦恼而较真

明天是未知的，既然它是未知的，那就表示它有诸多可能，我们所担忧的不过是众多可能中最坏的那一种，但我们的运气真的那样差吗？想来肯定不是。因此，我们应该活在当下，珍惜今天，不要为未知的明天而沉重，也不要为明天的烦恼而较真。

2. 乐在当下

古人云："生于忧患，死于安乐。"意思是，只有忧愁患害才能使人发展，安逸享乐只会令人萎靡死亡。虽然我们不否认"忧患意识"所带给我们的"未雨绸缪"的益处，但如果我们总是担心明天的生活，内心总是存在一种忧患意识，那我们如何安心地活在当下呢？我们如何过好今天呢？

一个人的烦恼，大多是预支而来的，或者更确切地说，来自内心的幻想，因为对未知的明天充满恐惧，才会生出那么多烦恼。越是忧虑，心就越累，在这样的情况下，还不如轻松地活在当下，让未知的明天继续未知。

与人争吵，其实也是与自己过不去

佛说："烦由心生。"一切烦恼都源于内心的较真，就好比因为生气而与别人争吵，这样愚蠢的行为也只有那些较真的人才会做得出来。当然，一个人在生气时总会有这样或那样的理由：受到了辱骂，受到了不公正的对待，受到了欺骗。但如果我们真的追究起来，错误却并不在自己，为什么我们会因为别人的错误而生气呢？更令人难以置信的是，为什么我们会对自己做出如此重的责罚——与人吵架呢？吵架这件事也是挺费神的，小则动口，大则动手，轻则嘴巴干涩，重则身体受伤。无论怎么说，吵架都是一件对自己无益的事情，如果仅仅是因为别人的错误而与对方发生争吵，那对自己也是一种残忍的责罚。

从前有一个妇女，她心胸狭窄，总是为一些小事与别人吵架，每一次生气，她都没有办法控制自己。长此以往，这位妇女的脾气变得越来越坏，为了改掉自己的坏毛病，她便向一位大师求助。

见到大师，妇女就把自己的苦恼一股脑儿全倒了出来，大师听了，一句话也不说，就把她带到了一个封闭的柴房里，然后，把大门锁了。妇女气得破口大骂，她一个人在漆黑的屋子里骂了很久，但是，没有一个人理会她。妇女骂累了，她明白了自己无论骂多久都是没用的，便开始哀求大师开门，但是，大师还是无动于衷。

过了很久，大师再次来到柴房门前，妇女主动告诉大师："我不生气了，不吵架了，因为这根本不值得。"大师笑着说："还知道值得不值得，可见你心中还有衡量，还是有气根。"妇女不解问道："大师，什么是气根？"这时，大师打开了房门，将手中的茶水洒在地上，妇女想了很久，恍然大悟，向大师叩谢而去。

德国哲学家康德曾说："发怒，是用别人的错误来惩罚自己。"也许别人的错误是应该受到惩罚，但并不是一定要通过与别人争吵来实现，而且，吵架并不能达到惩罚他人的目的。所以，不妨放下心中的愤怒，尽早息事宁人。

从前，在古希腊住着一位名叫斯巴达的人，他有一个很特别的习惯：每次生气或与别人争吵的时候，他都会以很快的速度跑回家，然后，绕着自己的房子和土地跑三圈，跑完以后，就坐在田边喘气。许多人对他这样的习惯很不理解，每次好奇

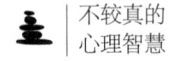

地问他这是为什么，斯巴达总是微笑着不语。

斯巴达是一个勤劳而精明的人，在自己的努力经营下，他的房子越来越大，土地也越来越广，但不管房子和土地有多大多广，一旦遇到了自己生气或者与别人争论的时候，斯巴达依然会绕着自己的房子和土地跑三圈。

直到有一天，斯巴达老了，他的房子变得特别大，土地也变得特别广，不过，这并不会影响他那数十年不变的习惯。每当斯巴达生气的时候，他仍然会拄着拐杖艰难地绕着自己的房子和土地走三圈。好不容易走完了三圈，太阳已经下山了，而斯巴达则独自坐在田边，一边喘气，一边欣赏着自己的房子和土地。

这时，孙女在斯巴达身边恳求："阿公！您可不可以告诉我？"斯巴达感到不解："告诉你什么呢？"孙女挨着斯巴达坐了下来，说道："请您告诉我，您一生气就要绕着房子和土地跑三圈的秘密。"斯巴达笑着说："年轻的时候，只要一和别人吵架、争论、生气，我就会绕着房子和土地跑三圈，一边跑一边想：房子这么小，土地这么小，哪有时间去和别人生气呢？一想到这里，我的气就消了，整个人变得平和起来，把所有的时间都用来努力工作。"孙女感到很不解："阿公！可是，现在您已经年老了，房子也大了，土地也广了，您已经是最富有的人了，那为什么还要绕着房子和土地跑呢？"斯巴达温和地说："可是，我现在依然会生气，为了克制内心愤怒情绪的蔓延，我在生气时还是绕着房子和土地跑三圈，边跑边想：自己的房子这么大了，土地这么广了，又何必要和别人计较呢？一想到这里，我的气也就消了。"

为了克制内心生气的情绪，斯巴达绕着房子和土地跑三圈，跑完了气也就消了，就不想与别人吵架了。斯巴达看似愚蠢的行为，可谓是智者的行为，因为不生气才是聪明人的选择，而生气只不过是愚者的本性。

1. 习惯较真的人容易与人吵架

在生活中，那些处处较真的人从来不愿意服输，一旦自己的利益受到了一点点损失，他就会气愤不已，动不动就跟身边的人吵架，想以此夺回自己的利益。其实，吵架的起因大多是绿豆芝麻那样小的事情，何必那么较真、计较呢？放下心中的苛责，你会发现，事情并不如想象中那么严重。

2. 发泄内心的愤怒情绪

当有人惹怒了我们，当内心愤怒的情绪膨胀到极点的时候，我们要善于通过合理的途径发泄情绪，比如找个无人的地方，对着大山、大海发泄一通，大喊几声，心里就会好受一些。等自己心情平静了之后，再回到当初的事情中，你就会发现根本没必要生气。

学会释怀，压力是自己给自己的

每天我们都面临诸多压力，有可能是事业不顺造成的工作压力，有可能是感情不顺造成的感情压力，还有可能是家庭不和谐造成的家庭压力，心理学家把这些压力统称为"社会压力"。社会压力将直接转换成心理压力、思想负担，久而久之就会成为心结。如果这种压力长久以来得不到有效释放，就会越积越多，最终，导致的结果是，人们的情绪大变，总感觉自己活得太累，每天都不开心，脾气越来越坏，甚至严重者会精神崩溃。对于外界的压力，我们要学会调节，千万不要再给自己压力，这样只会雪上加霜。所以学会释怀，十分重要。

吉姆是一位年轻的汽车销售经理，他的前途充满了无限希望。但是，由于吉姆本身是对自己要求很高的人，无形且巨大的压力使他感到非常绝望，他觉得自己就快要死了。甚至，他开始为自己挑选墓地，为自己的葬礼做好一切准备工作。其实，吉姆的身体只是出了一点小问题，有时候会呼吸急促，心跳很快，喉咙梗塞。

在医院，医生给吉姆做了全面检查，医生告诉吉姆："你的症结是吸进了过多的氧气。"吉姆先是一愣，然后大笑了起来："那真是太愚蠢了，我怎样对付这种情况呢？"医生说："当你感觉呼吸困难、心跳加速的时候，你可以在一个袋子里呼气，或者暂时屏住气息。"医生递给吉姆一个纸袋，吉姆照办了，结果，他发现自己的心跳和呼吸都变得很正常，喉咙也不再梗塞了。当他离开诊所的时候，他已经变得容光焕发，原来这一切的症结都是因为他内心的焦虑和恐惧，而这些情绪反应完全是因为他给了自己太大的压力。

太大的压力常常会令人陷入长期的焦虑和恐惧中，严重者，还会导致身体出现疾病。心理学家认为：适当的压力有助于我们产生更强的斗志，但是，正如任何事情都有一定的度，压力过大就会影响到正常的情绪。所以在生活中，我们要给自己适当的压力，只要不是太糟糕的事情，我们就应该学会忘记，这样一来，那些琐碎的小事就影响不到我们了。

一位朋友这些天正在学习弹琴，由于基本功不太扎实，他练起琴来很费力，尽管自己付出了许多辛勤的汗水，可是，就是不见效果。

但是，他心里又极度渴望自己在琴艺方面能够有所突破，于是，他每天强迫自己练琴4个小时。这样时间长了，他变得非常焦虑，心理上把练琴当成了一种压力，他常常烦躁地问老师："我是不是练不好了""我还能行吗""怎么这么练都不见效果，我干脆还是不练习了吧""难道我就这么放弃了吗"……

老师听了，只是微微一笑："你不要与自己较真，放松自己，释放心中的压力，卸下负担，这样心情好了，琴艺自然会有所进步。"

其实，对于这位朋友来说，他将练琴当成了一种负担，因为有负担，他就可能生活在压力、痛苦、烦躁和苦闷中，无法真正体会到练琴的快乐。一个人若是背着负担走路，那么，再平坦的路也会让他感到身心疲惫，最终，他会因为不堪生活的压力而走向不归路。对于生活中的某些事情，不要给自己太大的压力，如果内心积压了很多的压力，那就需要学会释放出来，因为很多时候，压力是自己给自己的。

1. 学会释放压力

有的人总是喜欢把别人的压力放在自己身上，事事较真。比如，看到同事晋升了，朋友发财了，自己总会愤愤不平：为什么会这样呢？为什么就不是自己呢？其实任何事情，只要自己尽力就行了，任何东西都是急不来的，与其让自己无谓地烦恼，不如以积极心态来面对，努力调整情绪，释放内心的压力，让自己的生活变得丰富多彩。

2. 不要给自己太大的压力

一位公司白领这样说："最近工作压力大，感觉自己越来越不快乐，脾气越来越大，老想发火，尤其是每天回家坐地铁时，由于十分拥挤，每次都会与站在身边的人发生冲突，我也不想这样，但是，我就是快乐不起来。"虽然工作压力很大，但我们还是有选择的，因为在更多的时候，真正的压力是我们自己给自己的。

第 4 章
CHAPTER 4

得失不计较，
放手反而能让你获得整个世界

　　孟子曰："鱼，我所欲也；熊掌，亦我所欲也。二者不可得兼，舍鱼而取熊掌者也。生，亦我所欲也，义，亦我所欲也。二者不可得兼，舍生而取义者也。"漫漫人生路上，我们总是面对着得与失的艰难抉择，得与失就如同一对生死兄弟，我们只能选择其一，有得必有失，有失必有得。

越是紧紧握住手中沙，越是容易流逝

　　世间诸事就像沙粒，握得越紧溜得越快。在生活中，许多事情是不能强求的，我们越是极力渴望某种东西的时候，就越有可能失去。其实对于世界的万物，得失是一种缘，这是一种淡然、从容的缘，不能着急，不能较真，越是握得紧，就越容易失去。当我们获得了某件心爱的东西，可以说这是幸运的，不管最后的结局怎样，我们的心都是满足的。这些东西能够伴随我们一生当然是最好的，但如果失去了，也不要为失去而伤心、落泪、心碎，毕竟自己拥有过，曾经得到过。想想自己在过去获得过快乐的那段日子，现在虽然失去了，但那些快乐的记忆依然留在我们的心中，这难道不也是一件快乐的事情吗？

　　生活中的得失是一种必然，获得了应该快乐；失去了，也不要因此觉得痛苦。一件东西，当我们握得太紧，容易伤害到这件东西本身，同时，还容易让它从我们的指缝间溜走。当我们越是在乎一件东西的时候，就越有可能失去这件东西，这也是必然的，这就好像手心中的沙粒。反之，如果你将手摊开，将沙粒平放在手心，你会发现，那些调皮的沙粒可以安静地躺在那里。一个人需要自由的空间，万事万物亦是如此，当我们以坦然的心境对待心爱的东西，给予它自由呼吸的空间，那缘才会伴随着我们，我们也不容易失去心爱的东西。越在乎，越容易失去，因为太过于在乎，我们总是患得患失，花了大量的时间和精力来纠结于在乎的痛苦中，结果不知不觉间，那些东西已经离我们而去。而且，因为太过在乎，若是失去了，心灵必然承受不住失去之痛，这对我们的人生何尝不是一次打击？

安安在读大学时，就梦想着成为一名演员。当然，她并不是就读于北影，或是在中央戏剧学院，她上的是一个二流的大学。她整天拿着小说，幻想着自己有一天能在荧幕上扮演不同的角色，当只有自己一个人的时候，她还会自言自语，自编自演。因为这是她一生的梦想。

其实，安安长得很漂亮，属于那种让人眼前一亮的漂亮女孩，如果在大街上偶遇某个星探，她是有可能成为明星的。不过，这都只是假设而已，即便自己的梦想远得什么都看不见，但她从未放弃过自己的梦想。

大学毕业后，安安开始北上，她听说，王宝强就是在北影门口排队当群众演员时被发现的，说不定自己也有这样的好运呢。于是，安安每天都到那里排队，希望自己能在大屏幕中露个脸。但几个月过去了，认识她的人寥寥无几。有一天早上，就在安安打算横穿马路去北影门口的时候，一辆小轿车不知道从哪里冒了出来，来不及刹车，安安被车刮倒在地。等安安站起来，看见玻璃里自己那张带着血的脸时，她惊叫一声，晕倒

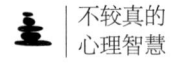

在地。

所幸的是，安安的伤并无大碍，只是脸上多了一道疤痕。拿着镜子，安安想：难道自己来北京的目的就是这个吗？那个自己握得紧紧的梦想，似乎一下子就消失了。想到这里，安安忍不住流下眼泪。哭了一个月，安安振作起来了，她开始到处投简历，找工作，日子在忙碌中一天天过去，她早忘记了自己当初来北京的目的了。

如今，安安已经是某杂志社的总编了，她的照片经常会上报纸，她看上去还是那么漂亮，只是多了一些成熟和睿智。偶尔看着自己的照片，想想曾经那个抓得紧紧的梦想，安安才想到一句话：有些事情就好像手中的沙粒，握得越紧，越容易失去。

有时候，当我们觉得一定要得到某件东西，否则誓不罢休时，那我们在追逐这个东西的过程中，估计就会真的失去这件东西了。人生中的许多际遇是无法强求的，有可能在街角的某处，我们会遇到人生中的大贵人，也有可能在我们获得宝贵东西的那一刻，就突然之间失去了，这些都是有可能发生的。

1. 越是在乎，越容易失去

越在乎，越容易失去。世间万物皆是如此，对于自己渴望获得的东西，不要太过在乎，而是需要怀着淡然从容的心态，这样我们才能如愿得到自己想得到的东西。

2. 坦然面对得失

人生本来就是一种承受，当心爱的人离自己而去，不论你如何呼天唤地也都于事无补，生活本来就是聚散无常。世道本来就是跌宕起伏。得意时，好事如潮涨；失意时，皆似花落去，不要把得失看得太重。不管是获得，还是失去，这都是我们生命中不可缺少的一部分，我们应该坦然面对。

努力争取，即使失去也别害怕

在生活中，我们对于有些事物往往是等到失去时才觉得弥足珍贵，从而觉得遗憾，遗憾是因为失去的东西对自己很重要，那是自己努力争取过的。不过，遗憾也无济于事，因为世事难料，所谓"塞翁失马，焉知非福"，对于那些争取过的东西，我们不应该害怕失去。失去意味着结束，对已成定局的事情做无谓的挽留或争取，那不过是在浪费自己的时间和精力，这是很愚蠢的，也是没有任何意义的。如果失去了，就应该让这件事告一段落，而不是处处较真，总是纠结在失去的痛苦之中。在失去之后，我们应该及时调整自己的心态，及时总结经验，吸取教训，避免在以后的生活中出现类似的问题，从而使自己得到成长。

不要害怕失去，因为我们所拥有的一切都将失去。当我们已经竭尽全力，努力争取过，那就不要害怕失去，自信、坚强、勇敢是洒在你心田的阳光。我们的老祖宗留下来一句老话"旧的不去，新的不来"，这是很有道理的。正因为失去了，我们才会努力，使自己重新拥有更好的，这样社会才会进步。对我们而言，有些东西在冥冥之中是注定的，是你的终究是你的，不是你的就算你得到了还是会离你而去。只要我们努力过、争取过，那就不要后悔。因此，一旦失去了就不要较真、不要强求，凡事随缘，这样自己也就不会太累。

老周是中学里一名优秀的老师，风趣幽默，博学多才，深得学生们的喜欢。按理说，这样一份稳定的工作，应该算是可以了。但老周并不这样想，一想到家里拮据的生活，以及总是穿着朴素的妻子，他就觉得心酸。他觉得，一个大男人不应该让妻儿过这样的生活。"教师"这个职业，真的像某些人说的那样，吃得饱，饿不着，但永远也只能维持这样的生活水平。老周眼看着身边的同学都下海经商了，他眼红了，谁不想过好日子呢？老周觉得，自己也可以去尝试一下。

说干就干，老周办了停薪留职手续。其实学校正在进行人事调动，大家都觉得老周会成为学校领导班子的一员，却没想到他在这时候办停薪留职。但老周只是笑笑："没事，万一海里不好混，我就还是上岸来。"大家都笑了。

老周拿了家里的全部积蓄，通过朋友的介绍，南下广州做生意。殊不知，商海并不如学校那样安静，对于经常研究教学的老周而言，商海确实比较复杂，人心叵测，尔虞我诈，这让周老师感到很疲惫。这个世界是怎么了？怎么人们全部变成了这样子呢？虽然经常会有这样的感叹，但周老师还是努力去做生意，可他好像天生就不是做生意的料，不是投资失败，就是血本无归。

两年过去了，周老师还是一贫如洗，而且积蓄也没有了，他只好灰溜溜地回到了家里。闭门待了一个星期，周老师想通了，自己努力了、争取了，即便做不成生意，损失了钱财又怎样呢？那至少证明自己原来并不适合做生意。这样想着，周老师决定重新回到学校做老师。

回到学校，周老师还是一名普通的老师，当年跟自己同一个水平的同事都成为了领导。一时之间，周老师领悟了得失的奥秘。朋友纷纷为周老师当年的冒失"下海"感到惋惜，更为他现在的状况感到担忧，但周老师却说："没事，凡事争取过，努力过，即便是失去了，我也不会后悔。"

对于未来的美好生活，周老师敢于去争取，敢于去努力，即便这个环境与自己的个性格格不入，他也会努力把事情做好。虽然最后，他做生意失败了，但在得失之间变得很从容的他并不觉得后悔，更不会有遗憾。他觉得，凡事只要自己争取过了，努力过了，即便最后失去了，自己也是不会后悔的。

1. 失去意味着过去

不论失去的事物对我们有多重要，那都是已经失去的，过去已经成为历史，而这些都是无法更改的。有些事物失去并不可怕，可怕的是人失去自我，失去信心。当我们面临失去，面临困难、挫折的时候，我们要相信阳光总在风雨后。人生会面临无数次的取舍，不要害怕失去，只要我们把握现在，着眼未来，只要心中怀着希望，那明天就一定会更好。

2. 不要为失去而较真

当我们总为失去较真，那是因为我们舍不得失去，总在为失去而后悔、惋惜、痛苦，但即便是这样，又能怎么样呢？难道后悔和惋惜可以让我们重新获得那些失去的东西吗？当然不能，因此，我们与其为失去而痛苦，不如为新的开始而努力。

带着感恩的心面对得失，人生处处是收获

人生中，即便你得到了，也依然会有所失去；你失去了，依然会有所获得。人生就是得到与失去的过程，人生就在得失之间。在生活中，我们要学会感恩，因为不管是得到还是失去，对我们而言都是一种收获。我们要执着地对待生活，紧紧地把握生活，却又不能抓得过死，松不开手。哲人说："人生在世，紧握拳头而来，平摊两手而去。"在我们生命的最后，我们已经无所谓得失，我们所拥有的应该是一份从容面对得失的心态。感恩，其实就是一种从容的心态。获得了，我们应

该感恩,感恩上天的恩赐,珍惜自己所拥有的;失去了,我们应该感恩,没有必要为失去而较真,因为失去了才会有新的获得。不管是获得,还是失去,都是组成我们人生的一部分,缺一不可。没有永远的获得,也没有永远的失去,我们所需要做的就是感恩自我,从容面对人生中的得失。

有位农民住在深山里,他经常感到环境艰险,生活艰难,于是便四处寻找致富的好方法。

有一天,一位外地来的商贩给他带来了一样好东西,尽管在阳光下看上去只是一粒粒不起眼的种子,不过听商贩说,这可不是一般的种子,而是一种叫苹果的水果的种子,只要将它种在土壤里,两年以后就能长成一棵棵苹果树,然后结出果实,将这些果实拿到集市上,可以卖好多钱呢!

农民欣喜之余,急忙将苹果种子收好,脑海里涌现出一个问题:既然苹果这样值钱,那么会不会被别人偷走呢?于是,他选择了一块荒僻的山野来种植这颇为珍贵的果树。经过两年的辛苦耕作,浇水施肥,小小的种子终于长成了一颗颗茁壮的果树,并且结出了累累的果实。这位农民看在眼里,喜在心中。因为缺乏种子,果树的数量还比较少,但结出的果实肯定可以让自己过上好一点儿的生活。他特意挑选了一个晴朗的日子,准备在这一天摘下成熟的苹果挑到集市上去卖个好价钱。

但当他气喘吁吁地爬上山顶时,心里却猛然一惊,那一片片红灿灿的果实，竟然被外来的野兽和飞鸟吃了个精光，只剩下满地的果核。想到这几年的辛苦劳作和热切期望，他不禁伤心欲绝，自己的财富梦一下子就破灭了。但他转念一想，这不过是一个外乡人赠送的苹果种子，自己也没什么损失，有什么好伤心的呢？在随后的岁月里，虽然日子很辛苦，但他还是比较乐观，总相信自己一定能找到致富的途径。

不知不觉间，几年的光阴如流水一般逝去。有一天，他偶然之间又来到了那片山野，当他爬上山顶以后，突然愣住了，因为在他面前出现了一大片茂盛的苹果林，树上竟结满了累累的果实。这会是谁种的呢？在疑惑不解中，他思索了好一会儿才找到了答案。原来，这么大一片苹果树都是自己种的。

几年前，当那些飞鸟和野兽在吃完苹果后，就将果核留在了旁边，经过了好几年的生长，果核里的种子慢慢发芽，终于长成了一片更加茂盛的苹果林。农民想到这里笑了，自己再也不会为生活发愁了。自己应该感谢那些飞鸟和野兽，如果当年不是那些飞鸟和野兽吃掉了这一小片苹果树上的苹果，肯定不会有今天这一大片苹果林了。

故事中的农民很懂得感恩，当自己的苹果被飞鸟和野兽吃光之后，他想到这不过是别人赠送给自己的种子，何必为这样的事情伤心呢？后来，当他偶然发现当年那片苹果林竟然变得更茂盛时，他又想到这都是飞鸟和野兽的功劳，于是非常感谢它们。因为感恩，生活并没有完全夺走农民的希望，最后，这位懂得感恩的农民满载而归。

1. 以感恩代替较真

当失去了某些东西时，有些人总是较真、痛哭，但即便是这样，失去的东西也不会回来，不如以感恩的心态面对。要知道上天在拿走我们一些东西的时候，还会给我们另外一些也许是更好的东西。失去了，不要沮丧，而是要怀着新的希望去迎接新的开始。

2. 失去是另外一种获得

花草的种子失去了在泥土中安逸的生活，但却收获了在阳光下发芽微笑的机会；小鸟失去了几根美丽的羽毛，却经过风吹雨打，收获了在蓝天下凌空展翅的机会。人生总是在失去与获得之间徘徊，没有失去就没有获得，而且，失去本身就是另外一种获得。因此，对于得失，还有什么看不开的呢？

珍惜当下所拥有的，不计较已经失去的

人生本来就是一个体验的过程，得与失处在永恒的变化中。昨天得不到，并不意味着今天不会拥有；即使今天拥有了，也不意味着明天不会失去。如果有永恒，也只会在拥有的那一刹那。珍惜现在所拥有的一切，这才是我们所需要的、最好的方式。有人说"得不到"和"已失去"的才是最好的，可

能我们在不同的时间也会发出这样的感慨。那些没有实现的愿望，它们具有强大的力量，这样的力量就好像魔咒一般，笼罩在我们的头上，令我们迷恋水中花、镜中月，让我们对身边唾手可得的幸福和快乐视而不见。如果我们能静下心来思考，那些得不到、已失去的东西其实只是源于对没有实现的愿望的渴望。即便我们放弃现在所拥有的一些东西，不顾后果地想尽办法得到了那些当初未能得到的东西，把那些失去的东西找了回来，谁又能保证这些东西就是我们真正需要的呢？

从前，有一座圆音寺，每天都有许多人来上香拜佛，香火很旺。在圆音寺庙前的横梁上有个蜘蛛结了张网，由于每天都受到香火和虔诚祭拜的熏陶，蜘蛛便有了佛性。经过了一千多年的修炼，蜘蛛佛性增加了不少。

忽然有一天，佛祖光临了圆音寺，看见这里香火甚旺，十分高兴。离开寺庙的时候，不经意间抬头一望，看见了横梁上的蜘蛛。佛祖停下来，问这只蜘蛛："你我相见总算是有缘，我来问你个问题，看看你修炼了这一千多年来，有什么真知灼见。"

蜘蛛遇见佛祖很是高兴，连忙答应了。佛祖问道："世间什么才是最珍贵的？"蜘蛛想了想，回答道："世间最珍贵的是'得不到'和'已失去'。"佛祖点了点头，离开了。

又过了一千年，有一天，刮起了大风，风将一滴甘露吹到了蜘蛛网上。蜘蛛望着甘露，见它晶莹透亮，很漂亮，顿生喜

第4章
得失不计较，放手反而能让你获得整个世界

爱之意。蜘蛛每天看着甘露都很开心，它觉得这是三千年来最开心的几天。突然，又刮起了一阵大风，将甘露吹走了。蜘蛛一下子觉得失去了什么，感到很寂寞和难过。

这时佛祖又来了，问蜘蛛："这一千年来，你可好好想过这个问题：世间什么才是最珍贵的？"蜘蛛想到了甘露，对佛祖说："世间最珍贵的是'得不到'和'已失去'。"佛祖说："好，既然你有这样的认识，我让你到人间走一遭吧。"

在人间，蜘蛛遇到了甘鹿，她很开心自己终于可以和喜欢的人在一起了，但是甘鹿并没有表现出对她的喜爱。蛛儿对甘鹿说："你难道不曾记得二十六年前，圆音寺蜘蛛网上的事吗？"甘鹿很诧异，说："蛛儿姑娘，你漂亮，也很讨人喜欢，但你想象力未免太丰富了一点儿吧。"几天后，皇帝下诏命新科状元甘鹿和长风公主完婚，蛛儿和太子芝草完婚。

这一消息对蛛儿如同晴空霹雳。几日来，她不吃不喝伤心欲绝，灵魂就将出壳，生命危在旦夕。太子芝草知道了，急忙赶来，扑倒在床边，对奄奄一息的蛛儿说道："那日，在后花园众姑娘中，我对你一见钟情，我苦求父皇，他才答应。如果你死了，那么我也就不活了。"说着就拿起了宝剑准备自刎。

就在这时，佛祖来了，他对快要出壳的蛛儿灵魂说："蜘蛛，你可曾想过，甘露（甘鹿）是由谁带到你这里来的呢？是风（长风公主）带来的，最后也是风将它带走的。甘鹿是属于长风公主的，他对你不过是生命中的一段插曲。而太子芝草是

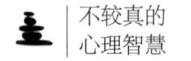

当年圆音寺门前的一棵小草，他看了你两千年，爱慕了你两千年，但你却从没有低下头看过它。蜘蛛，我再来问你，世间什么才是最珍贵的？"蜘蛛听了这些真相之后，好像一下子大彻大悟了，她对佛祖说："世间最珍贵的不是'得不到'和'已失去'，而是现在能把握的幸福。"

得不到的让人渴望，已经失去的让人惋惜，我们都很在乎。不过，如果我们仔细回想，你会发现，我们不停地眺望远方根本不属于自己的一切，反而模糊了离我们最近的幸福。有人说，人生要活得有分寸，是你的终究是你的，不是你的即使抢过来也会离开你，何必让自己这样狼狈呢？失去是因为我们自己没有好好地珍惜，与其为失去后悔，不如好好珍惜眼前的一切，这才是生活的真谛。

1. 不要为"得不到"和"已失去"较真

得不到的东西，那表示它根本不属于你，又何必要强求呢？即便你强求来了，也会发现自己不像想象中那样幸福；已经失去的东西，那便已经过去了，即便你后悔再多，也挽回不了。与其为"得不到"和"已失去"较真，不如好好珍惜当下所拥有的，这才是人生的一大幸福。

2. 珍惜当下所拥有的

人往往如此，得到的东西不珍惜，一旦失去才倍觉珍贵。漫漫人生，多少人感叹：覆水难收，后悔莫及。有时候，不是幸福太少，而是我们不懂得把握。并非得到的越多就越幸福，幸福就是珍惜当下所拥有的，这样才不会给自己留下遗憾。

放下对失去的纠结，你能获得整个世界

在生活中，我们不要再为自己曾经失去的而较真，学会放手，说不定你能获得整个世界。既然我们降生在这个世界，又何必计较命运的不公、生活的失落呢？为什么要因为秋天的零落，而无视四季的美丽呢？君不见大地雪封冻结的冬天，那大树上仍落着青色的绿芽吗？有时候，生活就像是一杯蔚蓝色的酒，酒杯里盛满的就是人生的酸甜苦辣，我们不应该沉醉其中，而是要努力将自己的人生变得洒脱、充实。在现实生活中，我们需要正确看待得失，我们应该相信，现在我们所拥有的，不管是顺境、逆境，都是上天对我们最好的安排。这样我们才能在顺境中感恩，在逆境中依旧心存快乐。不要为失去而郁郁寡欢，人生总会失去些什么，也会得到些什么，得失是一种均衡的规律。别再纠结失去的，别较真，放手吧，这样我们就可以获得整个世界。

人们总是习惯于得到而害怕失去，虽然有得必有失的道理人人皆知，但人们还是会觉得失去了可惜可叹。每当自己失去了某些东西，总要难受一阵子，甚至是痛苦。月亮也会有圆缺，但依然皎洁，人生即使有缺憾，依然很美丽。曾国藩

说：" 道微俗薄，举世方尚中庸之说。闻激烈之行，则訾其过中，或以罔济尼之，其果不济，则大快奸者之口。夫忠臣孝子，岂必一一求有济哉？势穷计迫，义无反顾，效死而已矣！其济，天也；不济，吾心无憾焉耳。"他把成功与失败都归结于天命，当然免不了唯心，但他对于自己失去的，总以平常心对待，这就是一种坦荡的心态。很多时候，只要自己努力过，得到与失去便没那么重要了，也没有什么怨恨了。为人处世，尤其应该这样，假如太计较失去的，自己也就没办法认真地做以后的事情。那些患得患失的人总是将得失放在首位，人活一世，即便得到的东西再多，死的时候也带不进坟墓，这又何必呢？如果失去了，那就学会放手，不要较真，不要纠结，这样我们才能收获轻松的心情。

战国时期，长城边上有个养马的老头，大家都叫他塞翁。有一天，他的一匹马丢了，面对邻居们的劝慰，塞翁笑着说："丢了一匹马损失不大，没准会带来什么福气呢。"果然，没过几天，丢失的马不仅自己跑回了家，还带回了一匹匈奴的骏马。

就在邻居们都为塞翁的马失而复得而高兴之时，塞翁却忧虑地说："白白得了一匹好马，不一定是什么福气，也许会惹出什么麻烦来。"果然，塞翁喜欢骑马的独生子发现白得的马神骏无比，于是骑马出游，但高兴得有些过火，打马飞奔，一个趔趄从马背上跌下来，摔断了腿。面对邻居们的再一次安慰，塞翁说："没什么，腿摔断了却保住了性命，或许是福气呢。"邻居们觉得他又在胡言乱语，他们想不出，摔断了腿还会带来什么福气。不久，匈奴大举入侵，青年人都应征入伍，塞翁的儿子却因为摔断了腿不能去当兵。后来他们得到消息，去打仗的青年全部牺牲了，而塞翁的儿子躲过了一劫。

塞翁失马，焉知非福。有时候，你以为你失去了，实际上你却得到了最好的东西，人生就是这样。当你为失去而处处较真的时候，你所失去的不仅是一份美好的心情，还有可能影响整个事态的发展；相反，如果对于所失去的，你能完全地放下，那么你将获得一份轻松无比的心情。

1. 为失去而较真，无疑自寻烦恼

我们总是生活在得失之间，当一个人处心积虑想得到什么的时候，同时也会失去什么。因为鱼和熊掌不可兼得，我们所需要的就是这种"得不是喜，失不是忧"的情怀。如果我们能明白生命的可贵，那就会明白人生最美的是奋斗的过程，为失去而较真，只不过是自寻烦恼。

2. 不为失去而烦恼，抓住眼前的一切

泰戈尔曾说："曾错过太阳，但我不哭泣，因为那样我将错过星星和月亮。失去了太阳，可以欣赏满天的繁星；失去了绿色，得到了丰硕的金秋；失去了青春岁月，我们走进了成熟的人生。"失去的不能再得到，过去的不能再回来，不如趁机抓住眼前的一切，珍惜现在所拥有的，说不定我们能收获整个世界。

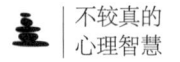

有失必有得，得失间不比较

有时候，暂时的失去只是为了更好地获得，此所谓"小失积攒大得"。人们常说："好汉不吃眼前亏。"有些人总不能容忍自己失去一点点，即便是蝇头小利也不行。结果，他们虽然暂时得到了小利，却永远失去了成功。实际上，这些所谓"好汉"的想法是错误的，真正的好汉应该有着锐利的眼光，他们所关注的是最后的"获得"，而不是眼前的收获与利益，他们宁愿以暂时的失去换取永久的获得，这才是一笔划得来的交易。那些鼠目寸光的人，他们不能吃眼前亏，心胸狭隘的他们不允许自己有一点点损失，若失去了，就处处较真，异常痛苦，势必要把自己失去的找回来。虽然，他们暂时赢得了小利，但却永远地失去了更好的获得。那些真正的好汉，他们愿意吃眼前亏，视野辽阔的他们愿意以小失换大得，最后促成自己的成功。其实，凡事确实是这样。有时候，在眼前的不过是蝇头小利，即使你千方百计追寻了，那也不能铸就自己的成功。与其紧紧地抓住眼前的东西，倒不如把眼光放远长些，放长线钓大鱼，这样才能收获更多的东西。

1. 有些失去是必然的

在人生旅途中，有得必有失，失去是为了更好地获得。这样想来，有些失去是必然的，是不可避免的。当我们总想着获得的时候，我们必然会失去一些东西，然后才能获得一些新的东西。如果我们紧紧地抓住手里的东西不放，那我们就没办法获得新的东西。

2. 失去是为了更好地获得

如果我们失去了某些东西，比如心爱的人、稳定的工作等，这时不要较真，处处较真只会让自己更加心烦。我们所需要做的是从容面对。只有失去了，我们才能寻找更多新的可能，从而获得一些新的东西。

第 5 章
CHAPTER 5

蓄势待发，
与其较真不如在忍耐中开拓人生

在生活中，与较真相反的一种心态就是豁达、隐忍。做人最高的处世之道，就是韬光养晦，收敛其锋芒，专心做事，低调潜行，这样可以避免自己被较真的心态所纠结，免遭他人的嫉妒，避开无谓的纷争和意外的伤害，这样可以更好地保全自己。

全局考虑，小不忍则乱大谋

常言道："小不忍则乱大谋。"忍耐是一种策略。生活中的每一个人，不管是谁，在一生中都难免会深陷逆境，却一时又无力扭转面临的局面。在这样的情况下，千万不要较真，最好的选择就是忍耐。因为事情总是在不断变化，一旦有利的时机到了，那成功就指日可待了。所谓"忍一时风平浪静，退一步海阔天空"，要学会在忍耐中等待命运转折的时机。大凡成大事者，必定能忍得一时之辱，容得一时之痛。忍耐是一种品质、一种精神，更是一种成熟、一种理智。忍耐是在磨难挫折面前坦荡豁达而不灰心丧气，它似乎可以给人生一种奋进的力量。在布满荆棘的道路上，在变化莫测的航行中，忍耐给予的生命光芒在信念中闪烁。

韩信是淮阴人，还未成名的时候，他只是一个平民百姓，贫穷，没有好品行，不能够被推选去做官，不可以做买卖维持生活，经常寄居在别人家里吃闲饭，因此受到了人们的嫌弃。他曾多次前往下乡南昌亭亭长处吃闲饭，并在那里连续吃了好几个月，亭长的妻子很嫌弃他，就提前做好了早饭，端到内室的床上去吃。吃饭的时候，韩信去了，却不见给他准备的饭菜，韩信明

第5章 蓄势待发，与其较真不如在忍耐中开拓人生

白了他们的用意，一气之下，就告辞而去，不再回来。

有一次，韩信在城下钓鱼，遇见几个老大娘在漂洗丝绵，其中一位大娘看见韩信饿了，就拿出饭给韩信吃。之后几十天都这样，大娘给韩信送来饭菜，直到她将所有的丝绵都漂洗完了。韩信感到很高兴，对那位大娘说："我一定重重地报答您老人家。"大娘生气地说："大丈夫不能养活自己，我是可怜你才给你饭吃，难道是希望你报答吗？"

还有一次，淮阴屠户中有个年轻人侮辱韩信说："你虽然长得高大，喜欢带刀佩剑，但其实是个胆小鬼。"又当众侮辱他说："你要不怕死，就拿剑刺我；如果怕死，就从我胯下爬过去。"于是，韩信打量了他一番，低下身去，趴在地上，从他的胯下爬了过去。满街的人看见了，都嘲笑韩信，认为他胆小。

后来，韩信先是跟随项羽，后追随刘邦，成为刘邦麾下的杰出大将。

或许，别人都耻笑韩信懦弱，但韩信本人却不以为耻。实际上，当时韩信绝不是不敢刺他，而是因为他胸怀大志，不愿与小人多生是非。因此，他甘受胯下之辱。他知道"小不忍则乱大谋"的道理，忍耐之后，他等到了一个可以施展自己一身才华的机会。

小王大学毕业后，为了锻炼自己的能力、积累社会经验，他一直在做业务方面的工作。这样，逐渐地积累了一些经验

后，为了更好地发展，他跳槽到了一家大型公司的业务部，他所担任的职位是协助新来的业务经理开展工作。那个业务经理也是新人，刚到公司一个多月。小王在工作中与他相处一段时间后，发现那位经理不但在工作中存在着许多问题，而且脾气也很急。他业务能力很差，几乎都是依靠下面的业务员做业绩，而且心胸狭隘，不懂得尊重人，总是带着命令的口吻与下属讲话。如果下属工作中不小心出了错，他也不顾及下属的颜面，当众就把下属教训一顿。因此，许多业务员实在受不了，和他发生了争执就辞职走了。

面对这样的经理，小王心里也很窝火，因为他自己也经常被训斥。但是，他并没有发作，而是始终忍耐着，因为他心里很清楚，摆在他面前的只有两个选择：要么和他大吵一架，然后走人；要么就是忍辱负重，等待时机。聪明的他选择了后者。半年以后，公司高层也发现了业务经理的问题，通过调查，认为他不适合做业务经理，就找了个理由把他辞退了。而小王，因为一直表现不错，被公司任命为新的业务经理，这下，小王如鱼得水了，很快把业务开展了起来，为公司创造了很大的经济效益，赢得了公司上上下下的尊重。又过了几年，他被提拔为主管业务的副总经理，过上了有房有车的生活。每当谈起这一切的时候，小王就不无感慨地说："我能有今天，就是因为我当初懂得忍耐，而没有意气用事！"

在每个人的成长过程中，都难免会遇到一些坎坷与挫折，遇到一些不尽如人意的事情，在这个时候要学会忍耐，以一种从容的心态去面对眼前的境遇，这就是一种曲中求直的境界，是一种审时度势、大智若愚的态度，更是一种处世的智慧。

1. 忍耐，就是不再较真

忍耐是一种崇高的人生境界。古人曾作的"百忍歌"中有这样的句子："忍得淡泊养精神，忍得勤劳可余积，忍得语言免是非，忍得争斗消仇怨。"忍耐不是软弱，反而是一种大度。忍耐也并不是妥协，而是一种坚强。忍耐，其实就是不再较真，不再为小事所累。

2. 忍耐就是接纳所有遇到的困难

当然，忍耐并不是坐在那里默默地忍受一切，而是从心里接纳自己所面对的困难。当生活中的挫折与困难迎面而来的时候，暂且不去下判断，不论遇到多么大的事情，最好暂时忍耐一下，也许到了下一刻事情就会有转机，也许就有了解决问题的办法。

适时后退一步，也许反而能更进一步

忍耐是一种以退为进的智慧，更是一种谦卑的姿态。谦卑的忍耐就是放下身段，后退一步，不张狂，难得糊涂，是有所为有所不为，是不急功近利好大喜功。人生在世，更需要懂得以退为进。有时候，后退一步会让自己更加从容，以谦卑的忍耐换取成功，这是因为忍耐本身就是一种伟大的力量。看似后退一步，实则前进了一大步，我们忍耐其实是为了更好地前进。因为懂得后退一步，会让别人放松对自己的警惕，这样我们就可以更好地休养生息，更好地积蓄力量，等到来日一鸣惊人。这样的处世策略，也就是以退为进的策略，运用这样的智慧，我们往往可以赢得成功。后退一步的忍耐不仅使人焕发出美丽的光彩，还可以使人看起来更亲切、宽厚，甚至超凡脱俗，这就是忍耐的力量。懂得退一步的人最有人气，因为人们都愿意与这样的人相处。

王明是一位留美的计算机博士，毕业之后，他打算在美国找工作。拿着自己的各种证书，以及一些在学校所获得的奖章，他开始四处奔波找工作。可是，两三个月过去了，他还是没有找到合适的工作，因为几乎他所选择的公司都没有录用他，而那些愿意录用他的公司却又是自己瞧不上的。他没有想到，自己堂堂一个博士生，居然沦落到高不成低不就的尴尬境地。思前想后，他决定收起自己所有的证书与奖章，以一种最低的身份前去求职。

没过多久，他就被一家公司录用为程序输入员，这份工作相当简单，对一个博士生来说简直就是大材小用。但王明并没有抱怨什么，即使是最简单的工作，他依然干得一丝不苟。这样干了一个多月，上司发现他能迅速看出程序中的错误，这可是非一般的程序输入员能比的，这时候，王明向上司亮出了学士证，上司知道了他的能力，马上给他换了一个与大学毕业生相匹配的职位。又过了一个月，上司发现他经常能够提出一些独到的、有价值的见解，远远比一般大学生要高明。这个时候，王明又亮出了硕士毕业证，上司又立即提升了他的职位。再过了一个月，上司觉得他还是跟别人不一样，就开始有意识地询问他。这时候，王明才拿出了自己的博士毕业证，上司对他的能力有了全面的认识，毫不犹豫地重用了他。

当王明陷入了找工作的困境，他放弃了自己的所有证书，以最低的姿态去应聘，并获得了一份工作。我们可以想象，一个有着博士学历的人，委身于一个普通的职员职位，那该是多么的隐忍。但王明忍耐了下来，在困难面前，他没有较真伯乐的不赏识，而是学会忍耐，在休养生息的同时等待机会。终于，老板开始发现他深藏不露的能力，渐渐地重用他，最终他获得了自己应有的位置和回报。

春秋后期，越国的名臣范蠡，精通韬略，足智多谋，拜为大夫。勾践三年，吴王夫差大破越军，勾践对吴俯首称臣。作为越国大夫的范蠡在吴国做了两年的人质，三年后回到越国，他与文种拟定兴越灭吴九术，策划和组织了越国"十年生聚，十年教训"的复国大计。为了实施灭吴战略，也是九术之一的"美人计"，范蠡亲自跋山涉水，终于在苎萝山浣纱河访到德、才、貌兼备的巾帼奇女——西施，并谱写了西施深明大义

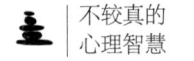

献身吴王，里应外合兴越灭吴的传奇篇章。

范蠡追随越王勾践二十多年，苦身戮力于灭吴，成就越王霸业，被尊为上将军。他辅佐勾践卧薪尝胆，图强雪耻。然而范蠡深知勾践为人，只可同患难，不可共安乐，于是在举国欢庆之时，范蠡急流勇退，携妻带子，秘密离开了越国。

后来，他辗转来到齐国，改了姓名，带领儿子和门徒在海边结庐而居，垦荒耕作，兼营副业并经商，没过几年，就积累了数千万家产。他仗义疏财，施善乡梓，范蠡的贤明能干被齐人赏识，齐王把他请进国都临淄，拜为主持政务的相国。他喟然感叹："居官致于卿相，治家能致千金；对于一个白手起家的布衣来讲，已经到了极点。久受尊名，恐怕不是吉祥的征兆。"于是，三年后，他再次急流勇退，向齐王归还了相印，散尽家财给知交和老乡。

就这样，一身布衣的范蠡第三次迁徙到了陶，在这个居于"天下之中"的最佳经商之地，他重新经商，没过几年，就又成了巨富，于是自称"陶朱公"。

后退一步，不是马马虎虎，胡乱敷衍，而是运用自己的广才博学，默默无闻，辛勤耕耘，认真做好分内的事情，用辛勤换来利益，在退却中得到成果。懂得后退一步的人，他们总是能坚守自己的原则，以一颗平和的心对待人与事，自然会得到人们的厚爱。他们不张扬，不骄傲，只等一个机会脱颖而出，然后一鸣惊人。

1. 后退一步会让我们更淡然

在大自然中，水懂得退一步，它总是向下流动，无论是遭遇了陡壁还是悬崖，最后都汇成了江河湖海；山懂得后退一步，它总是沉默寂静，但却在无言中耸立成为了一座风景；春天懂得后退一步，在经历了凌厉的寒冬之后，它依然悄然而至。保持谦卑的忍耐，我们的生命就有了一种无法言传的尊严和价值；后退一步，我们会更加从容面对人生的喜怒哀乐。

2. 后退是为了更好地前进

后退一步是一种忍耐，更是一种不较真的心态。当我们后退一步时，表面上看是退却，但其实我们这是为了积蓄力量，给自己一个回旋的空间，等到机会来临，我们才能更好地前进，这就是以退为进的策略。

卧薪尝胆，实力不佳的时候最好选择忍耐

哲人说："请享受无法回避的痛苦，比别人更早更勤奋地努力，才能尝到成功的滋味。"从古至今，那些大有成就的人，大多是卧薪尝胆之人，在忍耐中，他们扭转了自己的命运。在人生道路上，我们常常会遭受不同的挫折和困难，面对挫折，人们有着不同的理解。有人与命运较真，说挫折是人生道路上的绊脚石；但对于善于忍耐的人而言，挫折却是走向成

功的垫脚石。所谓"百糖尝尽方谈甜,百盐尝尽才懂咸",与河流一样,人生也需要经历挫折洗礼才会更美丽,经过了枯燥与痛苦之后,才能收获成功的果实。人生从来就不是一帆风顺的,总会出现这样或那样的挫折与困难。我们要忍耐战胜挫折过程中的挫折与痛苦,甚至是失败。这一切都需要忍耐。如果我们总是较真,抱怨这些困难,甚至难以忍受其中的痛苦,那最后我们将不可能成功。

1. 忍耐痛苦就能反败为胜

俗话说:"失败乃成功之母。"失败所带来的打击和痛苦都不算什么,只要我们能忍耐失败,在忍耐中等待机遇,就有可能反败为胜,因为反败为胜的智慧往往隐藏在忍耐中。当然,如果一个人难以忍受失败,在失败的压力下一蹶不振,甚至选择放弃自己的生命,那他是难以东山再起的。

2. 面对挫折,不较真,不妥协

在挫折与困难面前,那些喜欢与自己较真的人总是抱怨,甚至他们会在挫折面前低下头,选择妥协。他们在与命运较真的过程中,也让自己的斗志消失殆尽。所以,在面对挫折与困难的时候,我们应该学会忍耐,不较真,不妥协,这样才有机会扭转命运,迎接成功。

走自己的路，不惧他人的嘲笑

面对他人的嘲笑，我们需要做好自己，不争辩，不较真，这样才能更好地做自己想做的事情。做好自己，换言之，就是要对自己有信心。有时候，强者不一定是胜利者，但胜利迟早都属于有信心的人。从心理学角度来说，是否做好自己可以决定一个人的成功与失败，一个人要想获得成功，就应该做好自己，对于他人的嘲笑置之不理，这样才有机会获得成功。在任何时候，我们都不要怀疑自己的能力，而是要努力做好自己，使自己的内心变得强大起来，相信自己一定能行，不要轻易地怀疑自己，不理会他人的嘲笑，不要与自己过去失败的经历较真。特别是在自己的言行遭到别人质疑的时候，我们更需要做好自己，这也是一种忍耐。只要我们忍耐了他人的嘲笑，放下较真的心态，我们就一定能将事情做到更好。

一位成功人士讲述了自己的故事：

在我小学六年级的时候，由于考试得了第一名，老师送给我一本世界地图，我十分高兴，回到家就开始翻看这本世界地图。然而，很不幸的是，那天正好轮到我为家人烧洗澡水，我一边烧水，一边在灶间看地图。突然，我看到了一张埃及的地图，原来埃及有金字塔、尼罗河、法老王，还有许多神秘的东西，我心想：我长大以后一定要去埃及。我正看得入神的时候，爸爸走过来了，他大声对我说："你在干什么？"我说：

"我在看埃及地图。"但他却说:"赶快生火!看什么埃及地图!"然后,他又严肃地对我说:"我向你保证,你这辈子绝不可能到那么遥远的地方!赶快生火!"

我呆住了,心想:爸爸怎么给我这么奇怪的保证,真的吗?难道我这辈子真的不能去埃及吗?二十年后,我第一次出国就去了埃及,朋友都问我:"你到埃及去干什么?"我说:"因为我的生命不要被保证。"我自己跑到了埃及,当我到了金字塔的最前面,我买了张明信片寄给爸爸,上面写着:"亲爱的爸爸,我现在在埃及的金字塔前面给你写信,记得小时候,你曾保证我不能到这么远的地方来。"

面对爸爸对自己梦想的嘲笑,他并没有气馁,也不较真,只是更加努力地去做好自己。因为他知道那些根植于内心深处的梦想,谁也不能嘲笑。如果有人嘲笑我们的梦想,那不过是他的意见而已,并不能保证我们不能实现这个梦想。

在某一次作文课上,老师给出的题目是:我的梦想。有一位同学写下了自己的梦想,他希望自己能拥有一座占地十余公顷的庄园,在庄园里有小木屋、烤肉区,还有旅馆。然而,这个梦想到了老师手里,却被画上了一个大大的红"×",并要求重写。他感到很不解,老师说:"我要你们写下自己的梦想,而不是这些如梦呓般的空想,我要实际的梦想,而不是虚无的幻想,你知道吗?"这位同学据理力争:"可是,老师,这真的是我的梦想啊!"老师生气地说:"不,那不可能实现，那只是空想，我要你重写。"他不愿意妥协，自信地说："我很清楚，这才是我真正想要的，我不愿意改掉我梦想的内容。"老师摇摇头："如果你不重写，我就不让你及格了，你要想清楚。"他坚定地摇摇头，不愿意重写，最终那篇作文他只得到了一个大的"E"。

然而，三十年过去了，老师带着一群小学生来到了一座很大的庄园，享受着绿草、舒适的住宿，以及香味四溢的烤肉。就在这里，老师遇见了庄园的主人，就是那位作文不及格的学生，如今，他实现了自己儿时的梦想。老师惭愧地说："三十年来我不知道用成绩改掉了多少学生的梦想，而你是唯一坚定自己梦想，相信自己，没有被我改掉梦想的人。"

在生活中，每个人都有表达自己意见和观点的权利，我们阻止不了别人的言行，但可以控制自己的心态。遭遇别人的嘲笑，不生气，不较真，而是努力做好自己，通过自己的努力让梦想成为现实，到那时，别人就找不到任何理由来嘲笑我们了。

1. 较真是拿别人的错误惩罚自己

面对别人的嘲笑，我们若是选择较真、生气，那无疑是拿别人的错误惩罚自己。对于一些事情，如果我们坚持，那就不要管别人怎么说，真的选择了放弃或者一味地生气、较真，那就是顺了别人的意。

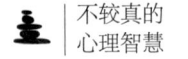

2. 对自己充满信心

对同一件事情，每个人的思维和行为方式都是不一样的，难免会产生不同的意见。如果我们的看法遭到了别人的嘲笑，不要犹豫，更不要人云亦云地抛弃自己的见解，而是要保持绝对的自信，并用实际行动向世人证明自己的能力。

微笑回敬他人的无礼，令其自愧不如

当有人对我们说了一些无礼的言辞，做了一些无礼的行为，我们应该怎么办呢？如果我们较真，非要跟对方争，硬要以相同的方式来报复对方，那最后的结局只会是两败俱伤。最恰当的办法就是用微笑面对他们，令其羞愧。或许我们都不知道那些喜欢恶意攻击别人的人的心理，其实他们的心理很简单，无非就是想激怒对方，让对方在丧失理智之后做出一些鲁莽的言行。如果我们真的按他们所想的那样去做，在遭遇无礼言行之后变得生气，想要较真到底，结果只会让对方笑得更欢，因为他们的目的达到了。反之，如果我们能以淡然的微笑应对，显示出自己博大的胸襟，则可以激发出他们作为人最基本的羞愧之心。

有一天，七里禅师正在蒲团上打坐，突然，一个强盗闯进来，拿着一把刀子对着他的脊背，说："把柜里的钱全部拿出来！否则，就要你的老命！"七里禅师缓缓说道："钱在抽屉里，柜里没钱，你自己拿去，但要留点，米已经吃光了，不留点，明天我要挨饿呢！"那个强盗拿走了所有的钱，在他临出门的时候，七里禅师说："收到人家的东西，应该说声谢谢啊！"强盗转过身，说："谢谢。"霎时间，他心里十分慌乱，因为他从来没有遇到这样的事情，强盗愣了一下，才想起不该把全部的钱拿走，于是，他掏出一把钱放回抽屉里。

没过多久，这个强盗被官府捉住，根据他所提供的供词，差役把他押到七里禅师的寺庙去见七里禅师。差役问道："几天之前，这个强盗来这里抢过钱吗？"七里禅师微微一笑，说道："他没有抢我的钱，是我给他的，他临走时也说谢谢了，就这样。"强盗被七里禅师的宽容感动了，只见他咬紧嘴唇，泪流满面，一声不响地跟着差役走了。

这个人在服刑期满之后，便立刻去叩见七里禅师，求禅师收他为弟子，七里禅师不答应。这个人就长跪三日，七里禅师终于收下了他。

即使面对强盗，七里禅师也没有说任何指责、辱骂的话语，反而以微笑感化了他。当差役问道："这个强盗来这里抢过钱吗？"七里禅师面带微笑说："他没有抢我的钱，是我给他的，他临走时还说了'谢谢'。"禅师淡然的笑容，令凶狠、无药可救的强盗也羞愧了。

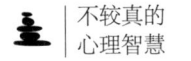

1. 微笑是一种包容

对于别人不友好的言行，我们不仅要善于忍耐，更要学会包容。如果我们心胸狭隘，凡事都要较真到底，那最后吃亏的往往是自己。如果我们能以微笑面对，反而会令别人心生羞愧之意，这无论是对自己还是对别人都是最好的结果。

2. 要以耐性感化他人

唐太宗以耐性对待魏征，成就了"贞观之治"的盛世；鲍叔牙以耐心对待管仲，成就了"九合诸侯，一匡天下"的壮举；蔺相如以耐性感化了廉颇，成就了一段"将相和"的千古佳话。当我们在展示自己耐性时，其实也提升了自己的思想境界，让自己不再较真于烦琐的事情，这本身就是一种心灵的修炼。

被羞辱，最好的回击是漠视

在生活中，我们首要的目标是实现自己的价值，而不是求得所有人的支持。每个人的思维和行为方式都是不一样的，总会有一些跟我们合不来的人，他们可能会对我们的言行进行羞辱，其实这都是极为正常的。因为我们不可能赢得所有人的心，不管我们怎么去做，我们都不可能让所有人都对我们的言行进行赞赏。因此，对于一些人的羞辱，我们需要忍耐，不予理睬才是最有力的回击。如果我们打算与其较真，那最后吃苦头的只会是

第 5 章
蓄势待发，与其较真不如在忍耐中开拓人生

我们自己。既然那些羞辱我们的人丝毫不能理解我们，那他的羞辱对于我们而言，也就是毫无意义的，他们就好像盘旋在我们头顶上嗡嗡叫的苍蝇一样，我们不予理会，他们自然会飞向其他的地方。所以，面对他人的羞辱，我们没有必要花太多的时间和精力去较真、愤怒，我们所需要的是知己，而不是这样一些唯恐天下不乱的人，因此，别生气，在淡然中忍耐，摒弃内心较真的心态。

林肯当选总统的那一刻，所有的参议员都感到十分尴尬，因为当时美国的参议员大部分都出身望族，他们自以为是身份优越的人，从没想到所面对的总统竟然是一个出身卑微的人，因为林肯的父亲是一个鞋匠。

当林肯站在讲台上的时候，一位态度傲慢的参议员站起来说："林肯先生，在你开始演讲之前，我希望你记住，你是一个鞋匠的儿子。"顿时，所有的参议员都笑了起来，为自己可以羞辱林肯而开怀大笑。这时，林肯不卑不亢地说："我非常感激你能使我想起我的父亲，他已经过世了，我一定会永远记住你的忠告，我永远是鞋匠的儿子。我知道我做总统永远无法像我父亲做鞋匠一样做得那么好。"所有的议员都陷入了沉默。这时，林肯对那位傲慢的参议员说："就我所知，我父亲以前也曾经为你的家人做过鞋子，如果你的鞋子不合脚，我可以帮你修理它，虽然我不是伟大的鞋匠，但是我从小就跟父亲学会了做鞋子这门手艺。"

然后，他再一次扫视全场的参议员，说道："对参议院里的任何人都一样，如果你们穿的哪双鞋子是我父亲做的，而它们需要修理，我一定尽可能地帮忙。但是有一件事是可以确定的，我无法像他那么伟大，他的手艺是无人能比的。"说到这里，他流下了眼泪，顿时，全场响起了热烈的掌声。

对于参议员的冷嘲热讽，林肯没有较真，而是选择了忍耐，他道出了父亲的伟大，正是这一点，打动了所有在场的议员。别人羞辱我们，那并不意味着我们毫无价值。别人看轻了我们，没有关系，只要我们看重自己就行了。如果别人肆意羞辱我们，而那些羞辱的言辞是毫无根据的，你也不要生气，不要较真，你只需要采取置之不理的态度，在忍耐中淡然面对，就能体现出你超凡的人格魅力。

1897年5月6日，维克多·格林尼亚出生在法国瑟堡的一个有名望的资本家家庭。当时，他的父亲经营了一家船舶制造厂，有着万贯家财。在格林尼亚童年时期，由于家境优裕，再加上父母的溺爱和娇生惯养，使得他在瑟堡四处游荡，盛气凌人。那时候，他没有理想，没有志气，根本不把学习放在心上，整天梦想着成为王公贵人。由于他长相英俊，当地的那些美丽的姑娘都愿意与他交往。

但是，在一次午宴上，一位刚从巴黎来到瑟堡的波多丽女伯爵竟然毫不客气地对格林尼亚说："请站远一点，我最讨厌被你这样的花花公子挡住我的视线！"这句话就好像针扎一般刺痛了他的心。刚开始，他为这句话而自卑、疯狂、偏执，但不久之后，他就醒悟了。他开始悔恨自己的过去，产生了羞愧和苦涩之感，他决定发奋学习，发誓一定要追回过去所浪费掉的时间，而每当自己的灵魂和肉体麻木的时候，他就用女伯爵这句话来刺痛自己。后来，他决定远离家乡。临走之前，他给家人留下了这样一封书信："请不要探询我的下落，容我刻苦努力地学习，我相信自己将来会创造出一些成就来的。"

格林尼亚来到了里昂，拜路易·波韦尔为师，通过两年的刻苦学习，他终于补上了过去所落下的全部课程。后来，他进入里昂大学插班就读。在上大学期间，他赢得了有机化学权威菲利普·巴尔的器重，在巴尔的帮助下，他将老师所有著名的化学实验都重新做了一遍，并准确纠正了巴尔的一些错误和疏忽之处。就这样，在大量平凡的实验中诞生了格氏试剂。

格林尼亚就好像打开了科学的大门，他的科研成果不断地涌现出来。基于其伟大的贡献，1912年，瑞典皇家科学院授予其诺贝尔化学奖。这时，他收到了那位波多丽女伯爵的贺信，里面只有一句话："我永远敬爱你。"

波多丽女伯爵话语的羞辱，竟然成为了格林尼亚前进的动力。虽然，刚开始听到这样的语言时，他也自卑、疯狂、偏执、较真过，但很快他就醒悟了。他觉得自己应该忍耐这些羞辱，应该发奋努力，做出卓越的成绩。果然，当格林尼亚获得了诺贝尔化学奖时，那位曾经羞辱过他的波多丽女伯爵只说了

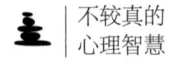

一句话"我永远敬爱你"。

1. 不要太注重别人的态度

一个人如果总是患得患失，太注重别人的态度，并将自己的情绪建立在别人的言行上，那自己怎么会开心呢？对于自己的所作所为，别人想去羞辱，那就让他羞辱好了，又何必在乎一个自己原本不在乎的人所说的话呢？如果对方没看清楚事实，那根本就是这个人的损失，与自己无关。我们应该学会忍耐，不较真。

2. 不要上当

那些肆意羞辱我们的人，他们心中自有一番打算，他们是想通过羞辱来激怒我们，让我们陷入较真的泥潭中。因此，当对方羞辱自己的时候，我们若是较真，就意味着我们走进了对方挖好的陷阱，所以不要上当，这时候不理会、不较真才是最好的对策。

第 6 章
潇洒于世，
唯有不较真才能躲得过不如意

CHAPTER 6

在生活中，我们要善于为己宽心，淡定从容，不以物喜，不以己悲；正所谓胜负乃兵家常事，输赢不需要计较；有时候，被人误会了，不要急于解释，要学会遗忘，将那些烦心的事情抛之脑后。如此不较真，我们才能躲得过生活中的种种不如意。

潇洒于世,别纠结眼前的小事

在生活中,有许多这样的人,他们往往能勇敢地面对生活中的艰难险阻,却会被小事情搞得灰头土脸、垂头丧气。其实,生活在这个世界上,每天我们所遭遇的琐碎小事可以说是数不胜数,如果我们总是较真,总是为那些眼前的小事烦恼,那我们将会郁郁寡欢。太过较真,犹如握得僵紧顽固的拳头,失去了松懈的自在和超脱。生命就是一种缘,是一种必然与偶然互为表里的机缘。有时候命运偏偏喜欢与人作对,你越是较真地去追逐一种东西,它越是想方设法不让你如愿以偿。这时那些习惯于较真的人往往不能自拔,仿佛脑子里缠了一团毛线,越想越乱,他们陷在了自己挖的陷阱里;而那些不较真的人则明白知足常乐的道理,他们会顺其自然,而不会为眼前的事情所烦恼。在山坡上有棵大树,岁月不曾使它枯萎,闪电不曾将它击倒,狂风暴雨不曾把它动摇,但最后却被一群小甲虫的持续咬噬给毁掉了。这就好像在生活中,人们不曾被大石头绊倒,却因小石头而摔了一跤。

做人要潇洒点,不要总是为眼前的小事而烦恼,如此简单浅显的道理,我们却始终不能明白。有些事情在我们经历时总

第 6 章
潇洒于世，唯有不较真才能躲得过不如意

也想不通，总要等到错过了才恍然大悟，如果命运不再给我们一次机会，那岂不是成了永远的遗憾。

在每年的七八月份，北极地区的冰雪开始大面积融化，气温也逐渐开始回升，出现了短暂的春天景象，十分美丽。但是，随着气温的升高，也开始出现了大量的蚊虫，由于当地物种稀少，那些饥饿的蚊虫就会飞到人们聚居的地方，吸食人们的血液来维持自己的生命。让人感到奇怪的是，当地的居民却对这些嗡嗡乱叫的蚊虫十分仁慈，从来不轻易伤害它们。有的游客拿出杀虫剂喷洒，还会被当地居民制止。这是为什么呢？

原来，一种被称为驯鹿的动物是当地居民过冬的主要食物来源。可是，在天气比较暖和的时候，大批的驯鹿会自发地成群结队向低纬度地区迁移，因为那里有大量的水草，如果没有人驱赶它们，它们就不愿意在严寒到来的时候准时回来。在北极地区，想靠人力来驱赶驯鹿，这根本是不可能的事情。这时候，那些讨人厌的蚊虫就显示了它们的威力。当天气开始降温，蚊虫就会飞到低纬度地区逃命，自然会与驯鹿不期而遇。那些吸食血液的蚊虫是驯鹿无法抵御的天敌，所以那些驯鹿走投无路之下只能返回，正好钻进了人们事先已经设计好的陷阱里。

聪明的极地居民掌握了自然界物物相扣的规律，所以甘愿忍受蚊虫吸食的痛苦，来求得长远的生存。在他们看来，眼前

的小事情并不需要挂在心上，那些长远的考虑才是智慧者的生存之道。所以，在那些被蚊虫吸食的痛苦日子里，极地居民并没有过多地埋怨，而是保持着一份乐观豁达的胸怀，因为他们知道有了蚊虫的存在，这个冬天就不用愁食物了。

1. 眼前的事情总会成为过去

可能，生活中的我们总在为眼前的事情而发愁，可能是没钱买房子，可能是没钱买车，但这些事情总会成为过去。一切总会好起来的，有这样良好的心态，何必还与自己较真呢？

2. 换一种心态看问题

在这短暂的人生中，千万不要浪费时间去为眼前的事情而烦恼。虽然我们无法选择自己的老板，无法选择自己的出身，无法选择自己的机会，但我们可以选择一种好的心态去看待问题。凡事看得开、看得透、看得远，我们就能赢得一份好心情。

淡定面对一切，让脚步更从容

吕坤在《呻吟语》中这样写道："在遭遇困难的时候，内心却居于安乐；在地位贫贱的时候，内心却居于高贵；在受冤屈而不得伸的时候，内心却居于广大宽敞，就会无往而不泰然处之。把康庄大道视为山谷深渊，把强壮健康视为疾病缠身，把平安无事视为不测之祸，那么你在哪里都不会安稳。"如果说较真是一种偏执的心态，那淡定从容则是人生的真正态度，一个人若是能做到淡定从容，不以物喜，不以己悲，那么不管遇到什么事情，他都能泰然处之：得意时，淡然坦荡；失意时，泰之若素。生活中总会有很多不尽如人意的地方，所谓"世事常难遂人愿"，在这时如果我们与自己较真，心里总也迈不过去那个坎，那心灵就会陷入各种各样的困惑中，难以拥有轻松畅快的快乐。比如，当到达成功的巅峰时，我们便会满心欢喜；但一旦失败了，就会在失落中彷徨，情绪低落。其实，这些都是对自己的一种苛刻，换而言之，是自己跟自己较真，才会让自己的心灵难以体会到轻松的快乐。

胡雪岩是一个遇事不惊的人，在任何时候，他都表现得淡定从容，不以物喜，不以己悲。

当上海阜康的挤兑风潮波及杭州的时候，本来，在杭州负责主事的是一个很有主见的人，但是，遇到这样大的挤兑风潮，她也没了主意，不知所措。就在这时，胡雪岩回到了杭州，他来到钱庄的时候，正好遇到店里开饭，胡雪岩神态祥和，看起来一点儿也不担心、悲伤。他还闲情逸致地去看伙计们的饭桌，看到伙计们的饭桌上只有几个平常的菜，胡雪岩竟留心起来，不一会儿，就嘱咐钱庄管事谢云清："天气冷了，该用火锅了。"另外，他还要求谢云清将用火锅的规矩改改，要按照外国人的办法，以气温的变化为标准，冬天什么时候吃

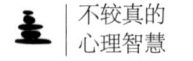

火锅,夏天什么时候吃西瓜。

虽然,胡雪岩这样关心伙计的行为在平日里也常有,但是,眼看钱庄就要面临破产的困境,他依然有如此的闲情来关心琐事,足以见其淡定从容的心态。其实,胡雪岩明白,在这个时候陷入悲伤之中,不仅于事无补,甚至会更加坏事。因此,他告诉自己:不要悲伤,不要怨恨任何人,甚至,连自己都不能怨,只想自己该做什么,怎么做,这才是最关键的。

在危机来临的时候,胡雪岩比任何人都懂得"不以物喜,不以己悲"的道理,时刻保持从容,不忧虑、不悲伤、不较真,该做什么就做什么,好像什么事情都没发生。另外,胡雪岩的从容在一定程度上可以缓解危机的影响。比如,在这个时候,店里的伙计早已经心急如焚,可胡雪岩还有说有笑,跟往常一样,这对于稳定伙计们的心有很好的作用。这一点就是胡雪岩的过人之处,他不仅仅自己淡定,保持从容,还能将那份从容传递给伙计,使大家同心协力,共渡难关。

五年前,王太太还过着风光无限的生活,住洋房,开跑车,有英俊潇洒的丈夫和乖巧懂事的女儿,那时候,是她最幸福的时刻。可现在什么都变了,一切都源于那场车祸。五年前,王太太一家人外出自驾游,在细雨纷飞中,由于路面湿滑,发生了严重的交通事故。在事故中,只有王太太一个人活了下来,当知道丈夫和女儿都已离去的时候,她竭尽全力朝着墙壁撞去,心里不断地问老天:为什么不带我一起走?

摸着头上的血，她笑了，对身边的护士说："上天不让我离去，肯定有理由，就让我代替他们活下去吧。"

康复后的王太太租了一间小屋，原来的积蓄在手术治疗中已经花光了。虽然感到心中很累，但王太太还是坚强地活了下去。找工作、交房租、买菜、做饭，生活中的每一件事她都做得一丝不苟，淡定从容。昔日的好友走进了她的家门，惊讶地说："以前你过惯了锦衣玉食的生活，可如今，你是怎么活下来的？你忍受得了吗？"王太太笑了笑，眼睛望着窗外，说道："人生的大悲大喜，我都经历过了，对于我来说，还有什么可怕的呢？还有什么不能忍受的呢？以后的我就要这样从容地活下去，不悲不喜，品尝最平淡的生活。"

从昔日锦衣玉食的生活突然沦落到拮据不堪的生活，这样产生的心理落差是很大的，一个普通的人是很难承受的。但有着淡定从容心态的王太太忍受下来了，而且通过这些事情领悟出许多人生的道理：人生虽然有大起大落、大悲大喜，但只要不与自己较真，凡事以宠辱不惊应对，那就会品味到最甘甜的滋味。

1. 不较真是一种良好的心态

我们只有保持宠辱不惊、不较真的心态，坦然地面对生活，才有可能在失意时不被击倒，在得意时不至于从巅峰坠落。对于生活中的任何事情，都要以一颗平常心对待，淡定从容，切莫大喜大悲。

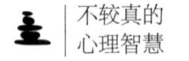

2. 淡定面对风云变幻的人生

有人说："一个淡定从容的人，他没有不满，没有怀疑，没有嫉妒，没有牢骚，没有抱怨，没有恐惧，不悲不喜。"很多时候，我们的压力与不快乐是因为自己拥有的东西太少，而奢望太多。得意时的轻狂、失意时的沮丧，常常令我们陷入悲与喜的纠葛之中。人生在世，更要学会淡定，从容不迫，在沉迷时清醒，在贪求时淡泊，对任何事情，都要拿得起放得下，宠辱不惊，看庭前花开花落。

不要拿自己当回事，其实没人在意你

在生活中，有的人习惯与自己较真，不断地苛责自己，他们最常用的方式就是把自己当焦点，注意自己的一言一行，好像有了一点点疏忽，自己就成了罪人一样。实际上，在生活中，每个人都有自己的生活方式和言行，根本没人在意你今天说了什么，做了什么，千万不要一厢情愿地把自己当成了焦点。如果你觉得别人在观察你、注意你，那也是因为你太过较真了。每天人们都有很多事情需要考虑，他们根本没有多余的时间和精力来观察你到底说了什么、做了什么。只要不是太大的事情，通常情况下人们是不会在意的，任何人都不会成为大家的焦点，因为每个人的焦点都是他们自己。因此，不要苛责自己，如果在做事情的过程中有了一点儿疏忽，也不要过于自责，因为没人会在意。

小雨是店里新来的营业员，她是一个小心翼翼的女孩子，唯恐自己的言行让店长不满意。其实，对于这样一个谦和有礼的女孩子，店长是很喜欢的。

小雨并不明白店长的心思，她每天都在担心自己的工作做得不够好，担心自己做错了事情。有一天，她在摆蛋糕的时候，不小心手抖了一下，蛋糕摔在了地上，小雨害怕得眼泪流了下来，店长急忙安慰："没事，没事，一会让师傅重新做一个。"可小雨心里好像背上了一个沉重的包袱，总在担忧这件事：店长会不会因为这件事辞退我？我怎么这样笨呢，其他人的工作总是做得那么好，可我……她越想越泄气，每天忧心忡忡，接连着工作出现了很多纰漏。店长疑惑了，这样一个女孩子到底在为什么事烦心呢？

在店长的再三开导下，小雨才道出了自己的心结。店长听了哑然失笑："这都是一些小事情，值得为这样的事情担心吗？工作中犯了一点儿小错，没有人会在意的，因为大家都在关注工作的事情，没有人会关注你。当初我当实习生的时候，犯下的错误更多，但我从来不担心，因为犯错了才能更好地改正错误，不是吗？"听了店长的话，小雨觉得豁然开朗，自己并不是焦点，又何必去在意别人是怎么看自己的呢？

因为太在意别人的目光，我们的言行都会小心翼翼，如履薄冰，好像心中揣着一颗炸弹一样，这样整日忧心的日子有什么快乐可言呢？其实，将自己当成焦点，那不过是自己在与自己较真，实际上根本没人会在意你的言行。

1. 你不需要让所有的人都满意

有些人生活的重点，似乎就是想让所有的人都满意，但他们从来没有让自己满意过。事实上，我们要懂得这样一个道理：你不需要讨好所有的人，只有自己喜欢才是最重要的。

2. 做自己喜欢的

在生活中，什么是快乐？其实，快乐很简单，就是做自己喜欢的事情。如果我们太过在意别人的眼光，把自己当成焦点，那只会让自己身心疲惫。因此，要学会做自己喜欢的事情，享受自己生活的世界，没人会在意你做了什么。

被误会又如何，不用急于解释

有时候，我们会遭遇误会。所谓误会，也就是因主、客观原因造成的隔阂。在生活中，被人误会是一种不愉快的情绪体验，让人气愤、郁闷和苦恼，这是每个人都不愿意遇到的事情，但有时却又不得不面对。遭遇误会，是马上解释还是找到合适的时机再解释，这其实也主要看人的心态。通常情况下，那些喜欢较真的人，他们往往会急于解释，因为他们不允许自己被误会、被冤枉,他们不能忍受自己被误会的痛苦。他们内心有一股较真的劲儿。不过,正是因为这样较真到底的劲头,最后,他们往往不会解释成功,反而还影响了与他人的关系。

其实遭遇误会,不急于解释是不错的做法。从心理学角度说,人们在遭遇对自己不利的情况时通常会启动自我保护机制,使人很难在瞬间接纳与自己相反的意见和看法,因此,急于解释不仅不容易被人接受,有时还会被误以为是掩饰,从而引发新的误会。假如我们把误会当成是增加了解、促进交流、增进友谊的机会,那即便是无心插柳,柳也会成荫。

小真是一个较真的女孩子,即便是一件小事,她也非要揪出个子丑寅卯来。这不,今天小真正为被同事误会的事情而闹心呢。

小真本是心直口快的人,有什么话说完了心里就没事了。之前,在与同事小王进行合作的时候,就因为她这样的个性,使两人闹出了不少矛盾。心胸狭窄的小王心里一直很别扭,他经常会注意小真的言行,观察她是否在上司面前打自己的小报告。这天正巧小王进办公室的时候,看见小真和上司有说有笑,没过几个小时,上司就让小王将手头的这项工作移交给小真负责。小王心怀嫉恨,看来小真真的在上司面前说自己坏话了。

不料,第二天小王的猜疑就传到了小真的耳朵里。她一听到这传闻,顿时脸红脖子粗,拍起了桌子,嘴里念叨:"自己

> 不较真的
> 心理智慧

工作做不好,凭什么就怀疑我去打小报告,我小真是这种人吗?平生最恨的就是被人冤枉。"旁边的同事安慰道:"小声点儿,当心一会儿吵起来。"没想到,小真反而声音大了起来:"我才不怕呢,被人冤枉,这样的事情,我怎么咽得下这口气,我不会罢休的!"说完,就走出了办公室,朝着小王所在的办公室走去,刚进门就大声嚷嚷:"谁怀疑我打小报告,站出来!我今天就是较真到底了,怎么样?我可以马上让上司来对质,我小真说了什么话,我记得清清楚楚,绝不像某些人那样,不敢说出来,尽在背后使坏。"小王憋不住了:"谁说了什么自己心里清楚,还用得着别人说吗?"就这样,两人吵了起来。

结果上司来了,两人的火气才平息下来,但两人都受到了处罚,理由是:破坏工作环境。

小真就是典型的较真型,对于自己被误会的事情,她咽不下这口气,非要将事情闹大了才罢休。但是,难道把事情闹大了就能让事情得到解决吗?实际上其结果往往是把事情弄得更糟,误会不仅没有消除,而且会增加彼此之间的隔阂,而这一切都是源于小真的较真。

1. 遭遇误会该怎么办

当我们被人误会时,首先需要沉得住气,冷静地分析误会的根源,然后学会沟通,寻找时机,准确地表达自己的真实想法和意愿。当然,沟通时需要讲究方法。假如对方心直口快,你大可以单刀直入，向他说明；但如果对方性格比较内向，那就需要你多花一点儿心思，避免产生新的误会。而且，沟通还需要有真诚的态度，如果误会在于自己，那就诚恳地向对方道歉；如果误会在于对方，也不要得理不饶人。

2. 不较真，保持豁达的心态

遭遇误会时，不要较真，重要的是保持宽容豁达的心态看待是非功过，不要把对方往坏处想，或兴师问罪，或处心积虑地寻衅报复，不妨思考一下寺庙大肚弥勒佛两边的楹联："开口便笑，笑古笑今，凡事付诸一笑；大肚能容，容天容地，于人何所不容"。

不计较输赢，胜败乃兵家常事

在兵法中，有这样一句话："胜败乃兵家常事。"简单的一句话，却说出了一个大道理：尽量将输赢丢开，胜败皆是常事。其实，在生活中何尝不是这样呢？当我们遭遇失败的时候，需要告诉自己："将输赢丢开。"不要较真自己到底是输了还是赢了，你越是较真，心情就越是糟糕。确实，生活中从来没有绝对的输赢，我们所需要保持的是淡定的心态。对于我们每个人而言，生活都是风云变幻的，那些意想不到的事情总会在不经意间发生，既然输赢的结果已经出现了，我们所需要做的就是保持一颗平常心，不计较输赢。面对失败，我们不能因一时的挫折而丧失斗志，一蹶不振，不能因为一次输赢而患得患失，失去了应对失败所需要的平和心态。有时候，人生就是一场又一场的赌博，输赢并不是自己所能决定的，我们所能做好的就是填满中间空白的过程，如果我们没办法决定是输还是赢，那就选择以平和的心态对待。

大学毕业后，李强放弃了父母托关系为他找的铁饭碗工作，只身带着单薄的行李南下，来到了炙手可热的沿海地区。每天做着很简单、枯燥的工作，他都能从中找到自己的快乐。他好学，遇到不懂的问题都会向同事请教，时间长了，老板欣赏他的踏实与认真，提拔他为秘书。之后，他不断地升职，在企业中有了较高的职位。这时候，他毅然放弃了高薪职位，拿着多年的积蓄，开了一家小公司。在他的努力经营下，小公司一天天成长，他成了远近闻名的大老板。

在那年的金融海啸中，他的公司不幸也遭遇了很大的冲击。得知消息的时候，他还在家里，父母担心地看着他。他却很平静，反而安慰父母："没事，当年我也是一无所有，现在不过是时间的问题而已。"他回到了公司，有条不紊地处理事宜，员工看着平静的他，本来慌张的情绪也平复下来了，该做的工作还是接着做，好像什么都没变，公司也渡过了危机，一步步走上了正轨。

要以平和的心境接受失败，不计较输赢，因为胜败乃是常事；对于失败之后的残局，要有条不紊、泰然处之地加以处理。在上面这个案例中，我们所能够学到的是不较真的心境，以及那种临危不惧的心态。在生活中，我们都会遇到这样或那样的事情，我们可能会较真，不承认自己输了，或紧张、慌乱、无措，但只要保持良好的心态，淡定从容，事情看起来就没那么糟糕。所谓"船到桥头自然直"，在平和的心境下，不利会变为有利，一切困境都会过去。

胡雪岩刚开始做丝绸生意的时候，就面临了一次失败。当时，胆大的胡雪岩买下了湖州所有的蚕丝，打算自己来控制价格，以此打击洋商。没想到，生意最后是做好了，可前后算起来，最后却倒赔了一万多两银子，再加上之前欠下的旧债，差不多有十几万两。面对如此的打击，胡雪岩依然镇定自若，该拿给朋友的分红，一分不少，从他身上看不到一点"输"的痕迹，因为他知道，只要自己内心不败，总有一天会成功。

后来，上海挤兑风潮来临，胡雪岩又一次站在输赢的转角。当时，上海阜康钱庄的挤兑风潮已经波及了杭州，胡雪岩正全力调动、苦撑场面，费尽心机保住阜康钱庄的信誉，试图重振雄风。可是，在这关键时刻，可谓是"屋漏偏遭连阴雨"，宁波通裕、通泉两家钱庄同时关门了。这通裕、通泉两家钱庄是阜康钱庄在宁波的两家联号，胡雪岩意识到这次自己真的要输了。朋友德馨打算出面帮忙，并愿意垫付20万两维持那两家钱庄，胡雪岩很感动，却婉拒了这一番好意，他觉得自己已经不能挽回败局,也不想拖累朋友。于是,胡雪岩决定放弃通裕、通泉两家钱庄,全力保住阜康钱庄。

面对危机,胡雪岩能够输得起,他总结道:人生做事,必然会有输有赢,胜败乃兵家常事,关键是心里不能输,既然选择了做生意这样有风险的事业,就要"赢得起,更要输得起"。

1. 输也要输得漂亮

胡雪岩说:"我是一双空手起来的,到头来仍旧一双空手,不输啥!只要我不死,你看我照样一双空手再翻过来。"因为有这份坦然的心境,胡雪岩虽然输了,但输得漂亮,实在令人佩服。

2. 不要较真生活中的输赢

在生活中,输与赢不过是不同的结果而已,任何一个人,既要有对赢的渴求,同时,也要有输的心理准备。输赢乃兵家常事,我们所能做的就是始终保持一颗平和的心。因为生活本就有输也有赢,即使输了,也不要输了斗志,不要输了志气。如果你总是计较生活中的输赢,那估计你常常会成为输家,而非赢家。

第 7 章
CHAPTER 7

真心付出，
厚爱无需多言，更不必较真

两个人之间，需要真心付出，不计较，不较真，这样才能留住彼此的幸福。生活需要我们的包容，因为幸福需要空间绽放；被对方误会的时候，我们要学会理解；当生活遭遇了挫折与不幸，我们要试着站起来。对于爱情，我们要多付出一点，才能多收获一点。

付出才有收获，是亘古不变的道理

在一段感情中，我们不仅要学会自爱，同时也要学会怎么去爱一个人。有的人太自爱了，以至于他的眼里只有自己，只想着无限地从对方那里获取更多的东西，却浑然忘记了自己也需要付出。人与人之间的感情是相互的，假如你能真心地付出多一点儿，多为对方考虑，那同时你也会收获更多来自于他人的爱。有些人的感情已经千疮百孔，但他还是叫嚣着"他一点儿都不理解我""他从来没有顾及我的感受""我已经受够了，他只在乎他自己。"当一段感情走到了尽头，你是否也应该反思自己的行为，在感情的城堡里，你是不是付出得太少了，是否从来没考虑过对方的感受，是否只是自私地想到了自己，从来没有真正在乎过对方，才导致对方心灰意冷。其实，每个人的内心深处都有极其柔软的地方，那里就是爱的温床，只要你多付出一点儿，以真心换真心，就会得到更多的爱。

那些渴望爱情的人们，心里无非是渴望被人爱。不过，这个世界上，没有无缘无故的付出，也没有无缘无故的收获。当我们渴望获得别人的爱时，就应该想到自己应该付出点什么，付出越多，收获才会越多。一个再冷漠的人，当他感受到你源源不断的爱时,他那冰山一般的心也会慢慢融化,从而回应你的爱。这就是在爱情中,为什么有的人会因为爱而感动,因为爱而醒悟。爱情本身是难以理解的,但当我们经历过,你就会发现,爱情也不会有多么神秘,它更多地体现在日常生活的细节中。爱的付出,也就是生活中无微不至的关怀,以及凡事都为对方考虑的柔情,这就是爱情。那些被人们放大的爱情,不过是神话,并不会在现实生活中出现。

青红大学刚毕业就嫁给了她现在的老公何冰,他们是大学同学,在大学相恋了三年,毕业之后如约进入了婚姻的殿堂。青红只是个普通的女孩子,长相普通、出身普通,但英俊的何冰却拜倒在她的石榴裙下。很多人感到不解,好奇地问青红,青红笑得很腼腆:"其实很简单,在任何情况下,我都是把他放在第一或第二的位置,为他打点好一切,让他没有了后顾之忧。"

婚后的生活真的是这样,青红为了能让老公吃上热腾腾的饭菜,无论多晚,她都会等着他回来一起吃晚饭。刚开始的时候,何冰说你先吃吧不用等我,可青红还是执意要等他回来。时间长了,何冰知道她很固执,于是下班后推掉了许多应酬,好早点回来陪她一起吃饭。平日里的生活,青红更是安排得有条不紊,家里的事情从来没有让他操过心。有了孩子后,她每天带孩子,还要照顾他,从来没有抱怨过。何冰的事业开始慢慢步入了正轨。一次,公司要派遣何冰去美国进修,面对这个大好机会，青红毫不犹豫地支持他去，并且拍着自己的胸脯说："家里有我呢，不用担心。"在美国进修的何冰时时挂念着家里，等到回国的那天，他下了飞机就赶往了家里，却发现家里没有人。打电话问父母，才知道一个多月前，爸爸得了重病，作为儿媳的青红毅然担负起照顾爸爸的重担，每天医院、家里来回跑，整整一个月都没有好好休息，现在爸爸的病好了，可青红却累坏了，正在医院里打点滴。

何冰看着瘦了一圈的青红，心里满是愧疚地说："爸爸生病了，怎么也不告诉我一声，我可以申请提前回来。"青红笑着说："怕耽误你的工作，再说也不是什么大事，你看爸爸现在不是好了吗？"何冰抱着躺在病床上的青红，心里充满了感激，还有满满的爱。

青红幸福的婚姻生活都来自她的亲手编织，正是那份发自内心的爱，让她无论在什么时候都把对方放在了第一或第二的位置。多付出一点儿，凡事多为他想一点儿，让他时刻感受到你的体贴与关爱，他就会多爱你一点儿。爱，并不仅仅是说在嘴上，而是融入实际行动中，爱他就不要计较自己付出了多少，爱他就要学会付出。

1. 爱是相互的

在爱情中，多付出一点儿，凡事多为对方考虑，这是获取爱的最好途径，也是最有效的方式。当我们在为爱付出的时候，对方也会以满怀深情的爱来回报我们。两个人之间的爱是相互的，虽然不计较多少，却在乎你有没有付出。

2. 爱本身就是一种付出

如果你向世界宣布你是多么深地爱着一个人，那世界不会相信你的语言，它只相信你的行动，因为爱本身就是一种付出。当你开始去爱一个人的时候，那就意味着你需要做好付出的准备。当然，这并不是等量交换，而是心与心的交换，你付出越多，收获的爱就会越多。

越包容，你越能感受到幸福

什么是幸福呢？或许，上天从来不会直接告诉我们，而是要我们自己去感觉隐藏在生活里的幸福。其实，生活从来都需要我们的包容，因为幸福需要空间绽放。生活本来就是一个盛满酸甜苦辣的大缸，需要我们去过滤，才能品尝出其中的甜蜜。对于生活中的一些烦恼，如果我们总是较真，处处计较，那我们所感受到的不过就是生活的枯燥与痛苦，再也不会与幸福有缘。努力去与生活中的不幸抗争，包容那些生活里出现的瑕疵，这样我们才有足够的空间去感受幸福。

人生总有着种种的不如意，但一个意志坚强的人能够包容生活，将逆境变为顺境，在挫折中寻找转机，他们在逆境中坚定地走了下去，最终获得了成功。相反，有些人缺少生活的历练,一旦遭遇挫折或身陷逆境,就会一蹶不振。一次输给了自己,就意味着永远输给了自己。

女儿总是向父亲抱怨自己的生活,抱怨每件事都是那么艰难,自己快活不下去了。父亲把女儿带进了厨房,他先烧开三锅水,然后往第一只锅里放了胡萝卜,往第二只锅里放了鸡蛋,往最后一只锅里放了咖啡粉。大约20分钟之后,父亲把火关了,分别将胡萝卜、鸡蛋、咖啡舀出来。这时,他才转过身问女儿:"孩子,你看见什么了?"女儿回答:"胡萝卜、鸡蛋、咖啡。"父亲让女儿打破了鸡蛋,将蛋壳剥掉,最后,让女儿喝了咖啡,女儿笑了,她小声问道:"父亲,这意味着什么?"父亲解释说:"这三样东西面临同样的逆境——煮沸的开水,它们的反应却各不相同。胡萝卜入锅之前是强壮的,毫不示弱,但进入开水之后,它变软了、变弱了;鸡蛋原来是易碎的,但是经开水一煮,它的内脏变硬了;而咖啡粉是粉状的,进入沸水之后,它改变了水。"父亲停顿了一下,问女儿:"哪个是你呢?当逆境找上门来时,你该如何反应?你是胡萝卜,是鸡蛋,还是咖啡粉?孩子,你应该选择包容生活,这样你才会感受到生活的幸福与快乐。"

每个人的生活都不会一帆风顺,总会遇到这样或那样的挫折与坎坷,这时应该以怎样的心态去面对呢?假如是一个较真的人,遭遇生活的烦恼时,只会唉声叹气、怨天尤人,那么人生会只剩下困难;如果我们能以包容的心态去面对,积极奋发,那么生活最终会芳香四溢,开满成功之花。

1. **包容生活中的琐碎与枯燥**

生活总是这样:不是这里让我们不满意,就是那里让我们不满意,到底是我们计较太多还是生活给得太少了?其实都不是,是因为我们无法包容生活中的琐碎与痛苦。每天我们都在计较自己的获得与失去,生活在我们的抱怨中越来越暗淡,我们自己的心情也变得越来越糟糕,最终我们每天都会生活在痛苦里。与其较真地生活,不如学会包容生活中的琐碎与枯燥。

2. **不较真生活中的小事**

在许多小事情上,有些人通常会有一种执着的勇气,他们很看重生活里的得失,哪怕是蝇头小利,也从来不放过。可是,在较真的过程中,他们得到了什么,又失去了什么呢?得到的不过是功名利禄、荣华富贵,失去的却是心灵的快乐。

被人误会时多理解对方

有时候,我们会遭遇误会、误解,我们越想解释,看起来却越像掩饰,于是,误会就像是弥天大雾,阻断了人际的正常交往。一方迟迟打不开较真的心结,而被误会者更是受尽了委屈,心中愤恨不平。两个人的正常交际,仅仅因为这一次误会就被终结,使得两个本来关系不错的人成为了陌路人。其实,误会毕竟是误会，只要拨开了眼前的迷雾，生活就会重现阳光。当自己被误解的时候，我们也需要学会理解，以一种理解的心情来看待对方的言行，并试着解开这个误会，这样才会打开一直纠缠对方的心结。如果被对方误会了，你却只是沉浸在委屈中，甚至作出反击的动作，势必会火上浇油。

小静和老公结婚三年了，两人非常恩爱，后来家里又添了一个小孩子，显得更加温馨和睦。小静感到很幸福，老公事业有成，女儿活泼可爱，这样幸福的一家，还有什么不满足的呢？

可是，最近小静听到了很多传闻，就连自己的好朋友也悄悄地暗示自己"要注意你老公的动向"。刚开始听到这样的传闻，小静还以为是开玩笑，反过来安慰朋友："没事啦，我现在很幸福，老公也很爱我。"朋友看着一脸幸福的小静，也有点宽慰："其实，我也是听来的，据说你老公所在的公司来了个漂亮能干的总监，好像跟你老公走得挺近的。"小静听了，心里也有点儿疑惑，怎么从来没有听老公说过呢。有一天下午，小静特意打扮了一番去接老公下班，站在公司门口等着，不一会儿，就看到自己的老公和一个女的并肩走了出来。老公看见了小静，有些惊讶，微笑着走了过来。小静脸色却不好看，不屑地看了那女的一眼，就挽着老公走了。回家的路上，小静一句话也不说，老公问了几句，她也是没好气地回答。老公知道她在生什么气，但觉得自己现在说什么都会被认为是辩

第 7 章
真心付出，厚爱无需多言，更不必较真

解，只好苦笑。

周末，在外面洽谈工作的老公打电话给小静："晚上出来吃饭，一会儿我来接你。"小静心里还有气地说道："你怎么不跟那个什么总监一起吃呢，我可只是一个家庭妇女。"老公回了一句："我就喜欢家庭妇女。""什么，她已经结婚了，你还对她有那意思？""哎，晚上出来再说吧。"小静差点把电话也砸了，但她不想就这样结束。晚上，小静来到楼下，老公为她拉开了车门，她发现车上还坐了两个人，是那个漂亮的总监和苏军。老公介绍道："这是我们公司的总监小曼，这是她老公苏军，你认识的，我大学同学。"小静恍然大悟，幸亏自己没有做出什么行动，她捏了一下老公的手臂，嗔怪道："也不早跟我说一声。""可是，你没有给我机会啊。"老公笑着说。

小静的老公被小静误会了，但他并没有因为小静的无端猜疑而大为恼火，而是以包容的心态来理解她的言行。并且，他以一个戏剧性的方式解开了误会，最终两人又恢复到往日的恩爱。假设老公在受到老婆的猜疑时就开始生气，并且认为这是"莫须有"的罪名，怀着一种"反正我是清白的，你爱怎么想就怎么想"的心理，那一定会让这次误会升级，还有可能导致两人的感情破裂。

在爱情中，我们都需要真心地付出，若是遭遇了对方的误会，我们应该以理解的心态对待。他之所以会误会你，那是因

为他太在乎你,所以不得不关注你的一切行为,虽然这爱看似霸道,却是出自真诚的心,因此也是无可厚非的。

1. 不较真被人误会时的委屈

被人误会的感觉并不好受,因为这是一种冤枉,或者说是一种对我们为人的质疑。但相比较被人误会的痛苦与委屈,不及时地解除误会才是最大的错误。误会不解释清楚,那就有可能加剧误会的迷雾,最后就什么也说不清了。因此,不要总较真在被误会的委屈之中,而是要学会理解,适时解释误会,打开双方的心结。

2. 常怀一块静心石

当我们遭遇误会,对方甚至会做出一些莫名其妙的行为,这时我们应该对这种行为给予理解,以宽容的姿态拥抱对方。在我们心中,应该有一块静心石,对于别人的错误要放下,这样很多误会也就可以解开了,两人也能够拨开云雾的遮蔽,让爱重新绽放出光芒。

在生活中跌倒,要尝试重新站起来

有人常常会抱怨:"生活是不公平的。"有时候,我们在生活中也会犯错,因为一些疏忽,我们甚至会遭遇挫折。但对于生活中的这些错误,我们要看得开,而不是处处较真。生活

第7章
真心付出，厚爱无需多言，更不必较真

本来就不是十全十美的，总会有这样或那样的缺陷，我们所需要做的就是丢掉失败带来的影响，尝试着通过自己的努力站起来。虽然，我们从来都掌控不了生活，但可以掌握自己的命运。总是埋怨生活不公平的人，无法丢掉失败，总是在痛苦中较真，结果他们只会被失败所吓倒，而丧失了再一次站起来的勇气。其实，生活从来都是公平的，当你重新站起来的时候，你会发现，生活还是那么美好，就跟当初一样，而我们依然会有继续前进的动力。

在大山里，有一个命运悲惨的男孩，在他十岁时母亲就因病去世了，父亲是一个长途汽车司机，长年累月不在家，没有办法照顾男孩。于是，自从母亲去世后，男孩就学会了自己洗衣、做饭，照顾自己。然而，上天似乎并没有过多地眷顾他，在男孩十七岁的时候，父亲在工作中因车祸丧生，在这个世界上，男孩没有什么亲人了，也没有人能够依靠了。

可是，对于男孩来说，人生的噩梦还没有结束。男孩走出了失去父亲的悲伤，外出打工，开始独立养活自己。不料，在一次工程事故中，男孩失去了自己的左腿，但男孩并不抱怨，也不生气，反而养成了乐观的性格。面对生活随之而来的不便，男孩学会了使用拐杖。有时候不小心摔倒了，他也从来不愿请求别人帮忙。同时，他还从事着一份简单的工作。

几年过去了，男孩将自己所有的积蓄算了算，正好可以开个养殖场。于是，他用自己全部的积蓄开了一个养殖场，但老

天似乎真的存心与他过不去，一场突如其来的大火，将男孩最后的希望也夺走了。

终于，男孩忍无可忍，气愤地来到了神殿前，生气地责问神："你为什么对我这样不公平？"听到了男孩的责骂，神一脸平静地问："哪里不公平呢？"男孩将自己人生的不幸，一五一十地说给神听。听了男孩的遭遇后，神说道："原来是这样，你的确很悲惨，失败太多，那么，你为什么还要活下去呢？"男孩觉得神在嘲笑自己，他气得浑身颤抖："我不会死的，我经历了这么多不幸，已经没有什么能让我害怕了，总有一天，我会凭借着自己的力量，创造出属于自己的幸福。"神笑了，温和地对男孩说："有一个人比你幸运得多，一路顺风顺水走到了生命的后半段，可是，他最后遭遇了一次失败，失去了所有的财富，与你不同的是，失败后他就绝望地选择了自杀，而你却坚强、乐观地活了下来。"

生活中的失败历练着男孩坚强的性格，生活的磨砺铸就了男孩积极乐观的心态。遭遇事业失败后，男孩责问神为什么对自己这样不公平？这样的行为，就是不能够包容失败。最后，在神的启发下，男孩明白了，即便自己失去所有，但自己仍顽强、快乐地活着，不是吗？于是，他丢掉了烦恼，重新站了起来。

1. 不要纠结于生活中的失败

有时候，我们总会将自己的不幸归结于生活中的失败，其实，这是有失偏颇的。即便真的是生活带来了某些挫折，我们也要学会看得开,因为我们改变不了,只能接受。在接受生活的过程中,需要丢掉烦恼,发奋努力,好让自己重新扬起生活的风帆。

2. 保持乐观的心态

罗斯福在参选总统之前被诊断出患了"腿部麻痹症",医生对他说:"你可能会丧失行走的能力。"听了医生的宣判,罗斯福没有生气,反而乐观地说:"我还要走路,而且我还要走进白宫。"对于一个拥有乐观心态的真正强者而言,生活中的一点儿小失败、小挫折并不算什么。用乐观战胜挫折,最终我们就会获得成功。

爱得不够深,才总是不断计较

爱情,这个亘古不变的话题,总是吸引着无数的男男女女为之痴情、迷恋乃至疯狂。不过,有谁真正懂得爱呢?爱是无私的,是毫不计较地付出,爱一个人,就是让他时时刻刻感受到爱带来的幸福与快乐。如果一个人总是在不断地计较,那是因为他爱得太肤浅。在生活中,男女吵架时我们总会听到这样的台词:"我为了你吃了多少苦,流了多少泪,你却这样对我?"他总是在计较谁付出了多少,谁爱得更多。假如在这个过程中,他发现自己的付出比对方更多,就会心有不甘:自己怎么会这样傻，愿意为一个人倾尽所有。其实，这时他早忘记了，当爱情来临，一个人不会因为任何理由，而只会为了"爱"去毫无保留地对一个人好。你爱他，自然会心甘情愿地付出自己的一切，而且这样的付出也是心甘情愿的。当爱情遭遇了挫折或困难时，你才像一个会计一样来计算你付出了多少，这样的行为对神圣的爱情而言难道不是一种讽刺吗？真正的爱情是不需要计较的，是一种发自内心的自然流露，一个眼神，一句安慰，那都是爱。如果你还在为自己付出了多少而较真，那只能说明你的爱比较肤浅。

梅子是一个较真的女孩，她的较真不仅体现在生活上，还体现在她的爱情中。初次坠入爱河的时候，与大多数女孩子一样，她也会疯狂、迷恋，她差不多把自己的所有都给了爱情，在那个最美的年纪，最富有的年纪，她为爱痴狂了。

但很快，当她发现自己的爱并没有得到回应时，她开始懊悔了：自己怎么会那样傻呢？自己毫无保留地对一个人好，却得不到相同的回报。于是，她开始计较了，当她心血来潮想给男朋友买件衣服的时候，总有个小人在心里说：对他这样好，才不值得，还是给自己买吧。假如真的给男朋友买了东西，她马上就会要求男朋友给自己买同等价值，或超出自己所付金钱价值的东西。虽然，在这方面她表现得很小心，但还是被男朋友察觉了。不过，男朋友并没有说什么，还是一如既往地对梅子好。

最让男朋友受不了的是，每当两人吵架时，梅子总会数落自己如何付出，以及男朋友对自己关心的疏忽，比如"你知道吗？你从头到脚的东西都是我买的，我自己都舍不得给自己买，我什么时候都想着你。可你呢？上次跟朋友喝酒到半夜，可曾想过一人在家的我？你对我的关心到底有多少？我甚至怀疑，你到底爱不爱我，像我这样傻的女人，怎么会遇到你这样的男人？"说得多了，男朋友也不再沉默了："难道你觉得爱情就是这样计较来计较去的吗？像你这样斤斤计较的女人，谁跟你谁倒霉，即便你觉得你付出了很多，但你在我面前总是这样计较，计较让你曾经付出的那些变得一文不值。你的爱太肤浅了，我承受不起。"听到男朋友这样说自己，梅子再也忍不住了，一个人痛哭起来。

其实，生活中许多事情都是没办法等量交换的，也就是说，我们的付出与收获并不一定成正比。有的人付出了大量的时间和精力，却难以赢得成功；有的人为了一段爱情，倾尽一生，却依然得不到回应。难道就因为我们毫无获得就否认自己曾经的努力吗？当然不，在自己付出过、努力过之后，我们不应该感到后悔，而是应该感到欣慰，因为自己努力过、爱过，此生就可以无怨无悔了。

1. 你的爱，他看得见

当你在不断付出的时候，你身边的他是感受得到的，也会看得见。对于你付出的点点滴滴，他会看在眼里，记在心里。

如果此时此刻，他没来得及对你的付出做出回应，那也是因为他还没准备好。但是，如果你将自己的付出说出来，处处斤斤计较谁付出得比较多，那就会让他感觉很受伤。爱情本不应该是这样，真正的爱是不需要计较的。

2. 不要计较付出

在这个世界上，有的人就是为爱而生的，对待爱情，他们会全身心地投入，即便没有任何回应，他们也不会有半点怨言，真正的爱情就是这样的。如果我们总在为自己付出多少而较真，总在抱怨对方给予的爱太少，那在这个计较过程中，我们会逐渐失去别人对我们的爱。

活在今天，别纠结于昨天的事

一个人要想赢得幸福，就应该跟过去的事情说再见。对于那些已经过去的事情，如果你总是处处较真，耿耿于怀，那你就只能生活在过去，无法走出过去的痛苦记忆。在生活中，那些较真的人很容易陷入消极情绪的纠缠中，那些早已经发生过的事情，他们总会时不时地想起来，也许本来心情还不错，但只要想到过去，他们就好像陷入了泥潭，难以挣脱出来。在回忆过往的时候，他们会一个人悲伤落泪，一个人暗自神伤，最后搞得自己身心疲惫。

第 7 章
真心付出，厚爱无需多言，更不必较真

两个人在一起，若是想要过上幸福的生活，那双方都应该忘记过去，不仅是自己的过去，还有对方的过去。有的人很容易与自己过去的经历分割开，却揪住对方的过去不放。谁都有过去，即便两个人走到一起，也不能保证对方的过去就是一片空白，他也有他的故事。然而，正因为每个人都有过去，那些为爱疯狂的人，就会很在意对方过去有着怎么样的故事。越是好奇，越是追问，可等他听完了对方的整个故事，却再也快乐不起来了，因为他总是在想对方的过去，总在纠结过去的一点点事情，最终使得两个人之间出现了隔阂。其实，想要一段感情走得更远，那我们就不应该与过去的事情纠缠不休，这不仅是在折磨自己，同时也是在折磨对方。

谁没有过去呢？如果过去的事情对于我们而言是痛苦的，那就更应该忘记它，只有忘记了，才能重新出发，开始新的生活。对于过去，我们要看得开，一段感情没有了，那就去寻找新的寄托。如果自己曾经犯下了某些错误，那就应该选择另外一条宽阔的道路，这才是上上之策。沉溺于过去，只会给自己未来的生活蒙上阴影；忘记过去，我们才能更好地开始新的生活。

1. 不要为过去而较真

一个人不要苛责自己，比如计较曾经的错误。一旦陷入这个泥潭，你所损失的不仅是健康的身体，还有美好的心情。一个人如果长期活在过去的痛苦中，他是没办法感受到快乐和幸

福的。因此，在感情中，不要太过苛责自己，何必让曾经的错误来折磨自己呢？

2. 忘记过去，才能重新开始

一个人总是沉浸在过去，那他就会拒绝新生活的开始。总是纠结于过去，跟自己较真，那就是折磨自己。纠结于过去的事情有什么用呢？只有忘记过去，我们才能重新开始，才能赢得幸福的生活。

第 8 章
CHAPTER 8

越放下越释怀，
不较真才能做最好的自己

有位长者说得好："人一生要学会的东西太多了，唯有释怀恐怕是很难学会的。"在人生的旅途中，我们总是恋恋不舍一些东西，却不知道心灵已经载满了沉重的包袱。面对难以缓解的压力时，我们应该学会释怀，及时放下心灵的包袱，放飞快乐的心情。

放下完美心态，完美并不存在

追求完美，似乎是每一个人的梦想，在生活中，他们总是在追逐繁复的完美，在这样追逐的过程中，无数的烦恼困扰着他们，越是较真，越是觉得心很累。或许，在每个人的心中，完美都是一座宝塔，我们可以在内心里向往它、塑造它、赞美它，但是却不能把它当作一种现实存在，否则只会让我们陷入无法自拔的矛盾中。在某些时候，我们应该放下苛刻，别被不真实的完美压垮。一个人不能在自我怜悯中空虚度日，最重要的是，我们不应该事事较真，而是要学会珍惜眼前的幸福。智者说："追求完美是人类正常的渴求，同时，也是人类最大的悲哀。"对于我们而言，应该放下内心的苛刻，放弃追逐完美的诉求，最终拥抱简单的快乐。

有个学生在课堂上向本·沙哈尔提问道："请问老师，您是否知道您自己呢？"沙哈尔心想：是呀，我是否知道我自己呢？他回答说："嗯，我回去后一定要好好观察、思考、了解自己的个性以及心灵。"

本·沙哈尔教授回到家里就拿来了一面镜子，仔细观察着自己的外貌、表情，然后来分析自己。首先，沙哈尔看到了

第 8 章
越放下越释怀，不较真才能做最好的自己

自己闪亮的秃顶，想："嗯，不错，莎士比亚就有个闪亮的秃顶。"随后，他看到了自己的鹰钩鼻，心想："嗯，大侦探福尔摩斯就有一个漂亮的鹰钩鼻，他可是世界级的聪明大师。"他又看到了自己的大长脸，就想："嗨！伟大的美国总统林肯就有一张大长脸。"他还看到了自己的小矮个子，想："哈哈！拿破仑个子就很矮小，我也是同样矮小。"最后他看到了自己的一双大脚，心想："呀，卓别林就有一双大脚！"

于是，第二天他这样告诉学生："古今国内外名人、伟人、聪明人的特点集于我一身，我是一个不同于一般的人，我将前途无量。"

或许，在别人看来，本·沙哈尔的长相既不出众，更算不上完美，但是，他很会欣赏自己。怀着这一份知足常乐的心态，他将自己身体的每个部分都与名人、伟人、智者扯上了关系，那么，即使自己的五官不是完美的，但自己一定是一个前途无量的人。本·沙哈尔不再苛责自己，因此他收获了一份最简单的快乐。

一个失意的人找到了智者，他向智者诉说着自己的遭遇和无奈，哀叹道："为什么在我的生命里总是找不到绝对的完美呢？"智者沉思了许久，说道："可能是你自己对这个世界苛责太多，所以，烦恼才会找到你。"说完，智者舀起了一瓢水，问失意者："这水是什么形状？"失意者摇摇头："水哪

有什么形状？"智者不语，只是将水倒入了杯中，失意者恍然大悟："我知道了，水的形状像杯子。"智者没有说话，又把杯子里的水倒入了旁边的花瓶，失意者悟然："我知道了，水的形状像花瓶。"智者摇摇头，轻轻拿起了花瓶，把水倒入了盛满沙土的盆里，水一下子渗进了沙土，不见了。智者低头抓起了一把沙土，感叹道："看，水就这么消失了，这也是人的一生。"失意者陷入了沉思，许久才说道："我知道了，你是通过水来告诉我，社会处处就像是一个个不规则的容器，人应该像水一样，盛进什么样的容器就成为什么样的人。"

智者微笑着说："是这样，也不是这样，许多人都忘记了一个词语，那就是水滴石穿。"失意者大悟："我明白了，人可能被装于规则的容器，但也能像这小小的水滴，滴穿坚硬的石头，我们要像水一样，能屈能伸，不能要求多么规则的容器，而是需要做到既能尽力适应环境，也要保持本色，活出自我。"智者点点头说道："当你不再较真，放下了心中的苛求，你会发现，任何事物都是完美的，自然，你也获得了久违的快乐。"

生活的快乐在于简单，生命的美丽在于真实，纵然有诸多缺憾，但它却是无法复制的、无与伦比的美丽。不必较真，不必苛求，没有必要去追求一些不真实的完美，因为美丽的事物总会伴随着一些缺憾。

1. 放下苛责的心态

追求完美，本身就是一种苛责的生活态度，为了达到心中完美的目的，人们苛责自己、他人，苛责一切的人和事。在现实生活中，所谓的"完美"终究伴随着缺憾，即使自己努力了，那些人和事也依然达不到绝对的完美。在这个世界上，本来就没有绝对完美的事物。

2. 以平常心看待缺憾

每个人的一生中总会经历不同的坎坷或挫折，没有一个人可以保证自己是完美无缺的。上帝对于每个人都是公平的，他给予了你一样东西，肯定会拿走另一样东西，关键是你如何去看待生命里的缺憾。

不与人攀比，只做最好的自己

有人坦言：最害怕的就是参加各种同学会，因为现在的同学会简直就是"攀比会"，比事业、比地位、比房子、比车子、比金钱……因为较真，越比越急，越比越累。其实，这样的烦恼都是自找的，放下攀比之心，做最好的自己，你一定会发现生活轻松很多。生活中的差别是无处不在的，我们很容易会在这种差别中产生攀比心理，并且习惯性地将自己所做的贡献以及所得的报酬与别人进行比较。如果两者大致相等，就会

不较真的心理智慧

感到心理平衡；如果对方强过自己，那我们就会心理失衡。比如，某些人看到与自己同等级别的人用车比自己高级，住房比自己宽敞，自己甚至还不如某些级别和职务低的人，心里就会感到很不平衡。其实，这就是典型的攀比心理，通常也是因为较真的心态所造成的，因为处处较真，总是情不自禁地与他人的一切进行攀比。

从前，有一位贫穷的农夫，他有一位非常富有的邻居，邻居有很大一个院子，有一栋非常漂亮的房子，还有一辆漂亮的马车。对此，农夫产生了攀比之心，心想：他一个人住那么大的房子，可我呢？一家五口人挤在一个小草房里，上天真是太不公平了。每次遇到这位邻居，贫穷的农夫都会冷漠地走开，似乎这样一种姿态可以满足自己的自尊心。但是到了晚上，农夫就开始痛苦了，他翻来覆去就是睡不着，总想着自己有一天也要住上邻居那样的大房子。

后来，村子里来了一位智者，据说，他能给那些痛苦的人指引道路，从而让他们过上快乐的日子。农夫觉得自己也应该去看看，来到那里，发现人们已经排了很长的队伍，而排在自己前面的不是别人，正是那位邻居。农夫感到很奇怪："这样一位富有的人也会感到痛苦吗？"过了半天，邻居进去了，农夫还在外面等着，可是，直到太阳下山，邻居还没有出来，农夫又开始嫉妒了："上帝真是不公平，怎么智者就跟他说了这么多。"终于，邻居出来了，那位富人的脸上露出了从未有过的笑容。

农夫心中一动，急忙走了进去，智者说："你为何而痛苦啊？"农夫回答说："我总是看我那位邻居不顺眼。"智者微笑着说："这是攀比心在作怪，你需要做的就是克制自己，想想自己所拥有的东西。"农夫十分生气："智者啊，你给我的邻居那么多忠告，却只给我简单的两句话。"智者说："你一进来，我就猜到你是为什么而痛苦，是贫穷所带来的攀比心理。可是，那位富人进来，我只看到他殷实的外在，看不到他精神的匮乏，详细询问了才知道他的症结所在。"农夫不解："他也会感到不快乐吗？"智者说："当然，虽然他比你富有，房子比你大，但是他只有一个人。而你呢？还有贤惠的妻子和可爱的孩子，现在，你想想，你所拥有的是不是他所缺乏的，这样一想，你就不会痛苦了。"听了智者的话，农夫心中释然了，他感到快乐的日子离自己不远了。

俗话说："人生失意无南北。"即便是在富丽堂皇的宫殿里也有悲恸，而在破旧不堪的瓦屋中也会有笑声。只是，在平时生活中不管是别人展示出来的，还是我们所关注的，总是风光的、得意的一面。

在某单位有一位小职员，一直过着安分守己的平静生活。有一天，他接到了一位高中同学的邀约电话。十多年未见，他带着重逢的喜悦前往赴约。昔日的老同学经商有道，住着豪宅，开着名车，一副成功者的派头，这让小职员羡慕不已。自从那次见面以后，他就好像变了一个人，整天唉声叹气，逢人便说自己心中的苦恼："这小子，以前上学时考试老不及格，凭什么现在有那么多钱？"同事安慰说："我们的薪水虽然无法和富豪相比，但不也够花了嘛！"

小职员懊恼地摇摇头："够花？我的薪水积攒一辈子也买不起一辆奔驰车。"同事却看得很开："买不起奔驰也一样能上班下班、外出旅行，一样过得挺好。"可那位小职员却终日郁郁寡欢，后来竟然得了重病，卧床不起。

在生活中，做好自己才是最智慧的选择。

1. 降低不切实际的期望值

其实，幸福往往就在我们身边，但不少人却感知不到，这就是"身在福中不知福"。有时候，我们必须对自己的能力有一个较为清醒的认识，不能太较真，不能过多地与别人攀比，要抛弃不切实际的期望。如果你能降低不切实际的期望，就会发现幸福是唾手可得的。

2. 做好独特的自己

俗话说："天外有天，人外有人。"其实，我们每个人都有自己的独特之处，别人拥有的未必适合你，你所拥有的往往是别人所羡慕的。因此，放弃攀比之心，做好自己，才能更接近幸福。

拿得起更要放得下，心灵才会轻盈

爱迪生说："没有放弃就没有选择，没有选择就没有发展。"生命并不是只有一处灿烂辉煌，学会包容过去，融通未来，创造人生的新春天。人生将更加明媚和迷人。对于人生中的不满，就应该拿得起放得下。对于自己的过去，大可不必耿耿于怀，好坏都已经成为过去，把它看作是一张白纸，放下了，心中就没有了埋怨与不满，生活的一切就都会顺利平稳。假如我们认为人来到这个世界是应该有所作为的，那就更需要重视自己的存在。因为每个人的生命都是伟大的、富有创造力的，只是我们经常会忽略这一点。在生活中，从来不缺乏体验与成长的机会，即使身处绝境，不也正是开辟新天地的大好时机吗？当我们不堪重负的时候，就应该学会放下，而不应较真，只有这样，我们才有力气继续前行。

在人生的旅途中，若是遇到了大的挫折与大的灾难，可以不为之所动，可以坦然承受，这就是一种肚量。禅宗以大肚能容天下之事为乐事，这便是一种很高的境界。对于生活中的不满，既来之，则安之，便是一种超脱，不过，这种超脱又需要经过多年的磨炼才能养成。拿得起，实在可贵；放得下，方是人生处世之真谛。

人生道路上有鲜花，有掌声，有多少人能等闲视之？人生路上也有坎坷泥泞、满地荆棘，又有多少人能以平常心视之？我们要学会坦然面对，拿得起，放得下，这是一种超脱的心境。"宠辱不惊，闲看庭前花开花落；去留无意，漫随天外云卷云舒。"宠辱不惊，乐天知命，那就是一分安详自在。

1. "拿得起，放得下"是一种平和的心境

佛曰："一花一世界，一木一浮生，一草一天堂，一叶一如来，一沙一极乐，一方一净土，一笑一尘缘，一念一清静。"这一切都是源于心境。一花一草便可以是整个世界，难得的是那份洒脱，难得的是那份豁达，更加难得的是那份心境。

2. 不较真，才能真正放下

擅画者留白，擅乐者稀声，养心者留空。在生活中，人们往往是拿得起放不下，因为较真，他们难以放下各种欲望。其实，放下是一种智慧，它作为生存之态，是化繁为简后的睿智，是画龙后的点睛，是深刻后的平和。正如美国作家梭罗所说："一个人越是有许多事情能放下的，他就越富有。"而只有不较真了，我们才能真正放下。

放下自责与悔恨，重燃奋斗的激情

在生活中，若是遭遇了灾难和不幸，我们本该静下心来寻找解决办法，但现实生活中的大多数人却总是会纠结于自己的

失败，不断地自责、悔恨，总会反反复复问自己：为什么不幸的总是自己？为什么总是做错事情？为什么上天总是这样不公平？遭遇失败之后，如果我们总是与自己较真，那么涌上心头的永远是对自己的责备，以及对过去的悔恨，那我们怎么还会有时间去拼搏、积极向上呢？或许，我们只会沉浸在自责与悔恨的痛苦之中，渐渐地身心变得越来越颓废，对未来失去了希望，早已经忘记了重振旗鼓。这样的人生，还有什么意义呢？如果在生活中遭遇了磨难和不幸，那么我们应该丢掉自责与悔恨，重新扬起生活的风帆。

一天夜里，小偷潜入了谈迁的家里，但是，他发现家里空荡荡的，根本没有什么值钱的东西。正当小偷失望而归的时候，他一眼瞥见了屋子角落里有一个锁着的竹箱，小偷如获至宝，以为里面装着值钱的财物，就把整个竹箱偷走了。其实，那个竹箱里并没有什么值钱的东西，只有是谈迁刚刚写好的《国榷》，对小偷来说，这东西一文不值，而对谈迁来说，却是珍贵的书稿。

二十多年的心血化为了乌有，这对谈迁来说，是一个致命的打击。他已经年过半百，两鬓花白，似乎再也无力坚持下去了。但是，谈迁没有放弃，他不断地鞭策自己：再写一本将会更精彩。在强大信念的支撑下，谈迁从痛苦中崛起，重新撰写那部史书。十年以后，又一部《国榷》诞生了，新写的《国榷》104卷，500万字，内容比之前的那部更精彩、翔实，谈迁也因而名垂青史。

如果在书稿《国榷》被盗之后，谈迁就一直沉浸在自责与悔恨的痛苦之中，那估计我们现在已经无法浏览到如此精彩的《国榷》了。值得庆幸的是，谈迁虽然年过半百，但他还是放下了心中的痛苦，不较真，适时地鞭策自己，在痛苦中崛起，铸就了《国榷》这部传奇。

在金蒙特十八岁的时候，她就成为了全美国最年轻、最受欢迎的滑雪选手，"金蒙特"这个名字出现在美国的大街小巷，她的照片也上了许多杂志的封面。美国人全部都看好金蒙特，认为她能为美国夺得奥运会的滑雪金牌。

然而，不幸总是降临在那些满怀希望的人身上。在奥运会预选赛最后一轮的比赛中，由于雪道太滑，金蒙特不小心从雪道摔了出去。当她在医院里醒来，发现自己虽然捡回了性命，但肩膀以下的身体却永远失去了知觉。金蒙特明白：人活在世上只有两种选择，奋发向上或者意志消沉。最后，金蒙特选择了奋发向上，因为她对自己的能力坚信不疑。

当然，金蒙特放弃了成为滑雪冠军的信念，在艰难的日子里，她依然追求着有意义的生活。她学会了写字、打字、操纵轮椅和自己进食，同时，金蒙特确立了自己新的信念，那就是成为一名教师。由于行动不便，当金蒙特向教育学院提出教书的申请时，学校的领导都认为她不适合当教师。但是，金蒙特想成为教师的信念十分坚定，她继续接受康复治疗，同时不放弃自己的学业，终于，金蒙特获得了华盛顿大学教育学院的聘请，实现了自己的目标。

金蒙特在失去了做一名滑雪运动员的机会后，她并没有因自责而放弃自己的人生。虽然这样的打击是残酷的，但她更明白，面对不幸只有两种选择，奋发向上或者意志消沉。最后，金蒙特没有沉浸在过去的痛苦回忆中，而是不再较真，给自己确立了新的目标——做一名教师。或许，对一个正常人而言，做一名教师是很简单的事情，但对于金蒙特来说，却是很困难的，好在她能够坚持下去。终于，她的所有努力都换来了她应得的回报。

1. 有时间较真，不如想办法改变现状

在生活中，有的失败和不幸是不可避免的，我们所能做的就是接受，然后想办法改变现状。如果面对失败与不幸，你还有时间和精力去痛苦、悲伤、自责、悔恨，那么还不如好好利用现有的时间去打磨自己，从而放下内心的不甘和痛苦，然后重新拥抱成功。

2. 重振旗鼓，迎头赶上

在某些时候，要想赢得成功，还需要适时调整我们的心态。一旦遭遇失败，就应该选择重振旗鼓、调整心态、迎头赶上，而不是垂头丧气、自暴自弃。当我们在遭遇失败与挫折的时候，需要冷静分析造成失败的原因，思考采取什么样的方式可以避免失败，总结出失败的经验，吸取其中的教训，鼓舞自己,重拾之前那种激动振奋的心情,我们就能再一次给成功一个热情的拥抱。

放下心头的重负,你才能轻松前行

曾经有位哲人说:"当我们需要前行的时候,需要放下重负,让自己的心变得轻盈,这样才能更好地前行。"重负,有可能是我们心灵上的包袱,也有可能是我们肩膀上的负担,但不论是哪里存在的负担,都将阻碍我们继续前行,甚至会让我们的身心疲惫不堪。在人生的道路上,有的人因为负担太重而步履维艰,有的人因为欲壑难填而疲于奔命,有的人因为深陷其中而难以自拔。如果你想要自己所走的每一步都充实而轻盈,那么,适时放下一些重负,让自己变得轻盈,这何尝不是一个可行的办法。生命如舟,载不动太多的物欲和虚荣,假如你不想这生命之舟搁浅或者沉没,那就应该放下重负,让自己轻松前行。

小宋从小就喜欢画画,拿着笔在墙上、报纸上涂画着五颜六色,妈妈看见了,就把他送到了美术班里学习。长大后的小宋更加喜欢绘画了,高考那年,他费尽口舌说服了妈妈,报考了美术学院。在大学里,小宋描画着自己未来人生的蓝图,他会坚持下去,通过画画挣钱来让妈妈幸福。

第8章
越放下越释怀，不较真才能做最好的自己

大学毕业后，小宋开始找工作了。他整天奔波于各家报社，希望能够成为报社的一名美术编辑，可是，各家报社的总编都以种种理由拒绝了他的求职申请。在多次碰壁之后，他绝望了，本来希望通过自己的一技之长带给妈妈幸福的生活，却发现社会根本没有自己的容身之地，他养活自己已经很困难了。在现实的残酷打击下，他愈加颓废了，妈妈心疼地说："你既然那么喜欢画画，不如自己开一间画室吧。"

思索了很久，小宋决定放下心中的重负，自己开一间画室。于是，他向亲戚朋友借了十几万，再加上妈妈的积蓄，开了一间属于自己的画室，既教小朋友画画，又出售自己的作品。几年之后，小宋的画室成为了这个城市有名的美术培训学校，他不仅还清了所有的欠债，还拥有了自己的房子、车子，当初给妈妈许下的承诺也实现了。他每天在教画之余，还用心地钻研自己的作品，也逐渐提高了自己的绘画水平，在美术界里也成为了小有名气的画家。

对于绝大多数人而言，面对沉重的负担，以及自己梦想得到的东西，他们无法放手，他们会本能地抓住那些东西，唯恐失去。在难以割舍之下，如果真的失去了，他们就会为得不到而烦恼。小宋适时地放下了心中的重负，既解决了眼前的生活问题，而且为实现自己的梦想奠定了基础。

曾经有个人，他总埋怨生活的压力太大，生活的担子太重，他试图放下担子。他觉得很累，被压得透不过气来。他听

人说，哲人柏拉图可以帮助别人解决问题。于是，他便去请教柏拉图。柏拉图听完了他的故事，给了他一个空篓子，说："背起这个篓子，朝山顶去。可你每走一步，必须捡起一块石头放进篓子里。等你到了山顶的时候，你自然会知道解救你自己的方法。去吧！去找寻你的答案吧……"于是，年轻人开始了他寻找答案的旅程。

刚上路时，他精力充沛，一路上蹦蹦跳跳，把自己认为最好的、最美的石头，都一个一个扔进篓子里。每扔进一个，便觉得自己拥有了一件世上最美丽的东西。于是，他在欢笑嬉戏中走完了旅程的三分之一。可是，空篓子里的东西多了起来，也渐渐重了起来。他开始感到，篓子在肩上越来越沉。但他很执着，仍一如既往地前进。

而最后三分之一的旅程让他吃尽了苦头。他已经无暇顾及那些世界上最美丽、最惹人怜爱的东西了。为了不让沉重的篓子变得更重，他毅然舍弃了其中的一些，只是挑选了些非常轻的石头放进篓子。他深知，这样的舍弃是必要的。然而，无论他挑多轻的石头放入篓子，篓子的重量也丝毫不会减少，它只会加重，再加重，直到他无力承受。但最后，他还是背着篓子，艰难地踏上了这最后三分之一的旅程。

俗话说："远路无轻物。"在人生的道路上，如果我们需要负重前行，那么越行越远的时候，我们便会感到举步维艰，虽然我们会抱怨自己怎么会选择了这么多东西，但还是不舍得放手。但直至终点，打开担子，我们才发现：那些曾经我们以为很珍贵的东西，现在对我们而言却是无用的东西。

1. 不要较真

有时候，心灵的重负才是真正阻碍我们前行的绊脚石。如果我们总是较真，无法放下内心的某些欲望，那么是难以保持以轻松的姿态前行的。因此，不要较真，要让不堪重负的心灵变得轻盈起来。

2. 学会放下

曾经有位哲人说：当我们无法得到的时候，放下也是一种智慧。生活中需要我们坚持的东西太多了，以至于我们承受不了现实给我们的压力，那么不妨学会放下一些东西，这是一种生存的智慧。因为只有放下了某些东西，你才会重新得到一些东西。

放下对他人的猜忌，选择信任

猜忌是人性的弱点之一，从古至今，那都是害人害己的祸根，是卑鄙灵魂的伙伴。一个人假如掉进了猜忌的陷阱，那必定会处处较真，对他人失去了信任，对自己也会心生疑窦。猜忌的人总是痛苦的，因为他在不断与自己较真，在这个过程中，他会感到痛苦，甚至疯狂，那种纠结于内心的痛苦是旁人所无法体会的。那些习惯猜忌、猜疑心很重的人，整天疑心重重、无中生有，认为每个人都不可信、不可交往。由于现代社会的多元化，不知道在什么时候，信任已经变成了奢侈品，我们经常会看到一些因信任他人而上当受骗的例子，因此就连我们自己也不愿意再轻易地相信某个人了。不过，我们始终不能忘记，信任是我们生活中最不可缺少的一件事情，如果缺少了信任，我们的生活就像失去了阳光，世间也会少了许多温暖。

在《三国演义》中，曹操就是一个喜欢猜忌别人的人，因此，他也做了不少冤枉别人的事情。

当曹操刺杀董卓失败后，与陈宫一起逃至吕伯奢家里。由于曹吕两家是世交，吕伯奢见到曹操来了，就吩咐家人杀一头猪款待他，自己则出门去沽酒。但曹操一听到庄后有磨刀的声音，便怀疑人家要加害自己，一声"缚而杀之"，更让他深信不疑。于是，曹操不分青红皂白，不问男女，杀了吕伯奢一家老小。一直杀到厨房，发现被捆着等待挨刀的大肥猪，才知道自己错杀了好人。

尽管如此，曹操还是赶紧与陈宫逃出庄外，正好路遇沽酒回来的吕伯奢，这时的曹操没有半点的愧疚之意，为了达到逃避追杀的目的，他竟然对自己父亲的金兰之交举起了带血的屠刀。

此外，曹操还有一大心病，他唯恐别人会趁自己睡觉时加害自己，于是，常常吩咐左右："我梦中喜欢杀人，我睡着的时候大家不要靠近。"有一天，曹操在帐中睡觉，被子掉在了

第 8 章 越放下越释怀，不较真才能做最好的自己

地上，一个侍卫过来帮曹操把被子盖好。曹操跳起来，拔剑杀了侍卫，又上床继续睡觉。醒来之后，曹操故意惊问道："是谁杀了侍卫？"左右据实报道，曹操痛哭，命令大家厚葬侍卫。其实，曹操知道，自己是在有意识的状态下拔刀杀人的，但又唯恐失天下人心。

曹操的疑心病伴随了他一生，在这个过程中，他自己也是痛苦不堪。他每天不断地猜忌，猜忌有谁对自己不忠不敬，猜忌谁对自己有所企图，终日为猜忌所累，这就是疑心病给他带来的最大痛苦。

一艘货轮在大西洋上行驶，突然，一个小孩不慎掉进了波涛汹涌的大西洋。孩子大喊救命，无奈风大浪急，船上的人谁也听不见，他眼睁睁地看着货轮拖着浪花越走越远。求生的本能使得孩子在冰冷的海水里拼命挣扎，他用尽全身的力气挥动着瘦小的双臂，努力让自己的头伸出水面，睁大眼睛盯着轮船远去的方向。

船越走越远，船身越来越小，到最后，什么都看不见了，只剩下一望无际的大西洋。孩子的力气快用完了，实在游不动了，他觉得自己要沉下去了。放弃吧，他对自己说。这时，他想起了老船长那慈祥的脸和友善的眼神，不！船长知道我掉进海里之后，肯定会来救我的，想到这里，孩子鼓足勇气用生命的最后力量向前游去。

船长终于发现那个黑人孩子失踪了，当他断定那个孩子是

掉进了海里以后,便立即下令返航回去寻找。这时有人劝道:"这么长时间了,就是没有被淹死,也已经被鲨鱼吃了。"船长犹豫了一下,还是决定回去找。终于,在那孩子就要沉下去的最后一刻,船长赶到了,救起了孩子。

当孩子苏醒之后,跪在地上感谢船长的救命之恩时,船长扶起孩子问道:"孩子,你怎么能坚持这样长的时间呢?"孩子回答说:"我知道您会来救我的,一定会的!"船长好奇:"你怎么知道我一定会来救你的?"孩子睁着天真无邪的眼睛,回答道:"因为我信任您,我知道您是那样的人。"听到这里,船长"扑通"一声跪在孩子面前,泪流满面:"孩子,不是我救了你,而是你救了我啊!我为我在那一刻的犹豫而羞耻。"

对每一个人而言,可以完全被一个人信任是一种幸福,可以毫无保留地信任一个人也是一种幸福。当然,大胆地相信他人不是一件容易的事情,信任一个人有时需要许多年的时间,有些人甚至一生也没有真正地信任过任何人。

1. 不要因较真而失去对别人的信任

有时候,我们难以去信任别人,问题不在于别人,而在于我们自己。因为我们总是较真,总是猜疑别人对自己是不是有不好的企图,是不是想加害于自己,这样的想法多了起来,我们就难以信任他人。有时候,对方明明是值得我们信任的人,但因为较真,我们经常会无法信任对方。

2. 多一些信任

信任有时仿佛是易碎的玻璃,哪怕只是一句玩笑,都会对信任产生影响。当然,有的信任是经过多年的接触才建立起来的,同时,这样的信任也是经得起考验的。当我们心中有了一点猜忌的时候,为什么不能对他人多一些信任呢?

第 9 章
CHAPTER 9

事不做绝话不说满，做人做事留三分余地

俗话说："利不可赚尽，福不可享尽，势不可用尽。"给他人留条路，就是给自己留余地。在生活中，如果我们凡事较真到底，不给别人留后路，试图赶尽杀绝，那实际上也是把自己逼近了死胡同。因此，不管是说话还是做事，都需要给别人留条路，给自己留点余地，以备不时之需。

说话留点"口德",日后好相见

有一位年轻人与同事之间有了点摩擦,闹得很不愉快,他便对同事说:"从今天起,我们断绝所有关系,彼此毫无瓜葛。"没想到,这话说完不到两个月,这位同事就成为了他的上司。年轻人因说话太绝很尴尬,只好辞职,另谋他就。在生活中,凡事总会有意外,说话留点余地就是为了容纳那些"意外"。杯子留有空间,就不会因为加进其他的液体而溢出来;气球留有空间,便不会爆炸;一个人说话为他人和自己留点口德,便不会因意外的出现而下不了台,从而可以进退自如。中国有句古话:"说话留一线,今后好见面。"把话说得太绝对、太较真,我们自己便失去了回旋的余地。没有了回旋的余地,自己的思维便会被束缚。换而言之,说话留点口德,那是为了自己能更好地发挥。

在生活中,我们生在社会,长在社会,我们是具备一定的社会性的。说到底,人生就是一个与他人周旋的过程,假如我们说话太不到位,说得太绝对了,自己就会处于被动局面。很多时候,生活中的尴尬与难堪往往是因为话说得太绝而造成的,对我们而言,凡事多一些考虑,留有余地,总能给自己留条后路。当我们在说话的时候，要提醒自己给他人或自己留有余地，使自己可进可退。就好像在战场上一样，进可攻，退可守，这样有了牢固的后方，就可以出击攻打对方，还能够及时地退回，使自己居于主动的位置。

林肯在年轻时不仅喜欢评论是非，而且还经常写诗讽刺别人。在伊利诺伊州当见习律师的时候，林肯仍然喜欢在报上抨击反对者。1842年，他再一次写文章讽刺了一位自视甚高的政客詹姆士·席尔斯。林肯在报纸上发表了一封引起全镇哄然的匿名信嘲弄席尔斯，使席尔斯成为人们的笑料。自负而敏感的席尔斯当然愤怒不已，他努力找出了写信的人，他派人跟踪林肯，并下战书要求决斗。林肯虽然能写诗作文，却不善打斗。无奈，迫于情势和为了维护尊严，林肯只得接受挑战。到了约定的那天，林肯和席尔斯在密西西比河岸见面，准备一决生死，幸好这时有人挺身而出，阻止了他们的决斗。

通过这件事，林肯吸取了教训，此后，他说话小心谨慎，懂得为对方留有余地。这个人生中的小插曲为他后来成为永垂青史的伟大总统奠定了基础。

在说话时，即便是我们绝对有把握的事情，也不要把话说得太绝对，因为绝对的东西容易让他人挑刺。而现实情况是，假如对方真的有意挑刺，那还真的能从里面挑出毛病来。因此，与其给别人一个挑刺的借口，还不如自己把话说得委婉一点。因为我们如果不把话说得绝对，我们就可以在更为广阔的空间与对方周旋。

　　服务员小王发现客人张先生结账之后仍然住在房间，而这位张先生又是经理的亲戚，怎么办呢？如果直接去问张先生什么时候离开，这样显得很不礼貌。但如果不问，又怕张先生赖账。于是，善于沟通的小王敲开了张先生的房间："您好！您是张先生吗？"张先生回答说："是啊！您是？"小王面带微笑回答说："我是服务员小王，您来了几天了，我们还没有来得及来看您，真是不好意思，听说您前几天身体不舒服，现在好点了吗？"张先生回答说："谢谢您的关心，好多了。"小王试探性地问道："听说您昨天已经结账了，但今天没走成，这几天天气不好，是不是飞机取消了？您看我们能为您做点什么？"张先生面带歉意地说："非常感谢！昨晚结账是因为我的表哥今天要回去，我不想账积得太多，先结一次也好。医生说，我的病还需要观察一段时间。"小王松了一口气："张先生，您不要客气，有什么事情尽管吩咐我们好了。"张先生回答说："谢谢！有事我一定找你们。"

　　在这个案例中，小王去找张先生谈话，目的是弄明白他到底是走还是不走。但这个问题不好开口，搞不好还会得罪张先生，甚至得罪经理。但小王说话非常圆滑，先是寒暄几句，然后问张先生需要什么样的帮助，使得张先生很感动，不自觉说出了原因。如此一来，小王回旋的余地就很大，她可以当做什么事情都没有发生，然后巧妙告别。

第9章 事不做绝话不说满，做人做事留三分余地

1. 说话不能太绝对

对于绝对的东西，人们心理上总会有一种排斥感，比如，当我们较真地说"事实完全就是这个样子"时，别人会反驳："难道一点儿也不差？"假如连我们自己都还没有彻底弄清楚某件事，或者仅仅是代表个人看法，那更不要用那些绝对的字眼，我们的绝对化会引起别人的怀疑，甚至引起他人的反感。

2. 不能把话说过了头

任何人和事物都有存在的道理，说话时若是违背了常理，那就会给别人留下把柄。因此，说话时不要把话说过了头，不能太较真，否则就会引起对方的不快，在这样的情绪下，他势必会找理由反驳你。

做事留点余地，也是为自己留退路

凡事给别人留余地，就是不要断尽别人的路，不让别人为难，这是让三分、留余地的妙处，也是处世交往的良方。在生活中，我们别把事情做得太绝，给人留余地其实也是在给自己留后路。这是进退自如的姿势，是收放从容的心态，更是处世的智慧与哲学。不给别人留退路，堵塞别人的退路，这就好比棋的僵局，即便没有输，也无法再继续走下去了。在别人已经没有了退路的时候，我们应该伸出援手，决不能将事情做绝。

有一位企业家，在市场不景气的时候，许多人纷纷劝他以减薪和裁员来渡过难关，但这位企业家坚持说："裁员是企业经营不善的决策，对员工而言却是影响一生的问题。"结果，该企业家未裁减一人，当市场稍微好转之后，这家企业重振旗鼓，员工们以百倍的热情投入到了工作中，企业更是蒸蒸日上。留条后路给别人，就是给自己留了条后路。

有一天，狼发现山脚下有个洞，各种动物都由此通过。狼十分高兴，它想：守住山洞就可以捕获到各种猎物。于是，它堵上了洞的另一端，就等动物们来送死。

第一天，来了一只羊，狼追上前去，羊拼命地逃跑。突然，羊找到了一个可以逃生的小洞，从小洞慌忙逃窜。狼气急败坏地堵上了这个小洞，心想，这下再也不会失败了吧。

第二天，来了一只兔子，狼奋力追捕，结果，兔子从小洞侧面更小一点儿的洞里逃走了。于是，狼把类似大小的洞全部堵上了。狼心想，这下万无一失了，别说羊，与兔子大小接近的狐狸、鸡、鸭等小动物也跑不了。

第三天，来了一只松鼠，狼飞奔过去，追得松鼠上蹿下跳。最终，松鼠从洞顶上的一个小洞跑掉了。狼十分气愤，于是，它堵塞了山洞里所有的窟窿，把整个山洞堵得水泄不通，狼对自己的措施非常得意。

第四天，来了一只老虎，狼吓坏了，拔腿就跑。老虎穷追不舍，狼在山洞里跑来跑去，由于没有出口，无法逃脱，最

第9章
事不做绝话不说满，做人做事留三分余地

终，这只狼被老虎吃掉了。

这则寓言故事中，狼为了捕获各种动物，把这个洞里除洞口以外的所有通道都封死了，却不料将自己也陷入了万劫不复之地，成为了老虎口中的猎物。在人与人的交往中，有的人为了自己的利益而对别人不管不顾，甚至在别人身处逆境时落井下石，这样的做法是极其愚蠢的，因为一个人再成功，也不能保证自己就没有落难的时候，你把事情做绝了，到时谁会向你伸出援助之手呢？

宋代的吕蒙正胸怀宽广，气量宏大，很有大将的风度。每当与别人意见相左的时候，他必定以委曲婉转的比喻来晓之以理，动之以情，因此，他深得皇帝的信任。

吕蒙正初次进入朝廷的时候，有一个官员指着他说："这个人也能当官吗？"吕蒙正假装没听见，付之一笑。他的同伴却为此愤愤不平，质问那个官员叫什么名字。吕蒙正马上制止他们说："一旦知道了他的名字，就一辈子也忘不了，不如不知道的好。"当时在朝的官员对他的豁达大度深感敬佩，后来，那个官员亲自到他家里致歉，二人结为好友，互相扶持。

吕蒙正这样的处世是颇具智慧的。为人处世，留有余地，这是一种君子风度，可以显示出一个人博大的胸襟和深厚的修养。所谓强中自有强中手，事态的发展往往会有意外出现，因此，做事要留有余地，这样才会让你在人际交往中进退自如。

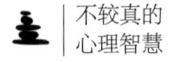

1. 别较真，学会留有余地

雕刻人像的时候，鼻尖先留高一点，不像的话再慢慢削减，这是留有余地；做菜时先少放一点盐，不够再添，这是留有余地；新买的裤子，因为太长而穿不了，去裁的时候叮嘱裁缝少剪点，以免剪短了不合穿，这就是留有余地。在生活中，不要较真，不要把事情做绝，于情不偏激，于理不过头，这样才能处变不惊，游刃有余。

2. 给人方便，自己方便

给别人方便，其实就是给自己方便，做事不能太绝，而是需要留后路。如果做人做得太绝，那么即使遇到了困难也不会有人怜惜你，他们会认为这是你咎由自取，这无形中就把自己逼进了死胡同，到时候恐怕连退路都没有了。

放下一己私利，为他人多想几分

有时候，成全他人就是在成全自己。大凡有智慧的人都有成全他人的美德，绝对不会做那些损人利己的事情，因为他们清楚，损人的事情未必会利己，不如放下自己的私利，多为别人着想。不可否认，每个人都是有私心的，每个人都希望能满足一己私利，对于别人的利益则是采取漠不关心的态度。不过，在人际交往中，如果我们为了追求个人利益而对别人不

第 9 章
事不做绝话不说满，做人做事留三分余地

管不顾，甚至想着去抢占别人的利益，这样的做法是相当愚蠢的。当你抢夺了他人的利益，其实也将自己置身于一个四面楚歌的境地。所谓"得人心者得天下"，当你为了自己的私人利益，不惜去堵住别人前进的路，在众人眼中，你不过是一个只懂得追求私利的人。一个再优秀的人，也可能会有落魄的时候，到那时候，那些被他因一己私利而伤害过的人，只会袖手旁观，而不会伸出援助之手。

在一个茫茫沙漠的两边，有两个村庄。从一个村庄到另外一个村庄，假如绕过沙漠走，至少需要马不停蹄地走上二十多天；假如横穿沙漠，那只需要三天就可以抵达。但横穿沙漠实在太危险了，很多人试图横穿沙漠，结果无一生还。

有一天，一位智者路过这里，让村里人找了几万株胡杨树苗，每半里一棵，从这个村庄一直栽到了沙漠那端的村庄。智者告诉大家说："假如这些胡杨有幸成活了，你们可以沿着胡杨树来来往往；假如没有成活，那么每一个走路的人经过时，都要将枯树苗拔一拔，插一插，以免被流沙给吞没了。"果然，这些胡杨栽进沙漠后，很快就全部被烈日烤死了，成了路标。沿着路标，大家在这条路上平平安安地走了几十年。

有一年夏天，村里来了一个僧人，他坚持要一个人走到对面的村庄化缘。大家告诉他说："你经过沙漠之路的时候，遇到要倒的路标时，一定要向下再插深一些，遇到要被吞没的路标时，一定要将它向上拔一拔。"

僧人点头答应了，然后就带了一皮袋的水和一些干粮上路了。他走啊走啊，走得两腿发软，浑身乏力，一双草鞋很快就被磨穿了，但眼前依旧是茫茫黄沙。遇到一些就要被尘沙彻底吞没的路标，这个僧人想：反正我就走这一次，吞没就吞没吧。他没有伸出手去将这些路标向上拔一拔，也没有伸出手去将那些被风暴卷得摇摇欲倒的路标向下插一插。

然而，就在僧人走到沙漠深处时，寂静的沙漠突然飞沙走石，有些路标被吞没在厚厚的流沙里，有些路标被风暴卷走了，没有了踪影。这个僧人像没头苍蝇似的，怎么也走不出这个沙漠。在气息奄奄的那一刻，僧人很懊恼：假如自己能按照大家吩咐的去做，那么即使没有了进路，也还可以拥有一条平平安安的退路啊！

当我们放下一己私利，为他人着想的时候，其实也是为自己留了条后路。试想，当我们舍去自己的私人利益，全心全意为别人着想的时候，定然会赢得别人的信任以及感激，一旦我们自己有了困难，肯定也能受到别人慷慨的帮助。

印度伟人甘地有一次乘火车，他的一只鞋子掉到了铁轨旁，此时火车已经开动，再下去已经没有可能。于是甘地急忙地把另一只鞋子也脱下扔到第一只鞋子旁边，这才回到自己的座位上。

同行的人不解地问甘地为什么这样做，甘地认真地说："这样一来，路过铁轨旁的穷人就能得到一双鞋子。"

第 9 章
事不做绝话不说满，做人做事留三分余地

甘地遇事考虑更多的不是自己的处境，而是别人。掉了一只鞋子后，他想到的却是，只有两只鞋子才能成双，也才能被人利用，这在一般人看来，简直就不可思议。但正是甘地懂得处处为他人着想，才走到了印度领袖的位置，这也是他的过人之处。

1. 不要为一己私利而较真

对于自己的一点私人利益，不要较真，而是要学会释怀。我们应该明白，获得了再多的利益也比不上人际交往中所获得的真挚的友谊，当我们为了私人利益而不顾别人的利益时，不仅让别人对我们心生厌恶，而且我们自身也会寝食难安。因此，千万不要为一己私利而较真。

2. 学会换位思考

当别人遭遇挫折或困难的时候，我们要学会换位思考，多为别人着想。假如对方需要帮助，我们应该向其伸出援助之手，帮助其渡过困难，即便牺牲一点自己的私人利益，那也是值得的，因为我们换来了真挚的友谊。

包容一点，不要总是抓住别人的错误不放

在生活中，我们要学会原谅，而不是紧紧抓住别人的错误不放。你原谅了别人，其实就是给自己留下一片海阔天空。面

对他人的错误，如果我们选择了生气、较真，甚至是仇恨，那么，有可能我们之后的生活将在愤怒中度过，这是因为我们的内心始终得不到解脱，会变得十分沉重、压抑而郁闷，生活便每天都充满了痛苦。相反，如果我们选择了原谅，放弃了内心的愤怒，那么，既宽待了他人，同时我们的心灵也得到了解放，从而收获了一份心灵的感动。放过了他人，同时，我们自己也获得了解脱。原谅别人就是对自己的宽容，一个人若总是处处较真，那他是没办法获得好心情的。不较真了，心情也好了，这对自己何尝不是一种宽容呢？

有一天，发明大王爱迪生和他的助手辛辛苦苦工作了一天一夜，终于做出了一个电灯泡。他们非常珍惜这个成果，就叫来一个年轻的学徒，让他把这个灯泡拿到楼上的实验室好好保存。这名学徒知道这是个重要的东西，心里非常紧张，结果在上楼的时候，不停地哆嗦，一下子摔倒了，把电灯泡摔得粉碎。爱迪生感到非常惋惜，但没有责怪这名学徒。过了几天，爱迪生和他的助手又用了一天一夜制作了一个电灯泡，做完后，爱迪生想也没想，仍然叫来那名学徒，让他送到楼上。这一次，什么事也没有发生，这个学徒安安稳稳地把灯泡拿到了楼上。事后，爱迪生的助手埋怨他说："原谅他就够了，你何必再把灯泡交给他呢，万一又摔在地上怎么办？"爱迪生回答："我这是在教导他，原谅不是光靠嘴巴说说的，而是要靠做的。"

试想，如果爱迪生是一个较真的人，那么他早就火冒三丈，开始怒骂那位学徒，甚至，会选择开除对方作为惩罚。有的人太过于较真，特别是自己的利益有了一定损失的时候，他的情绪就会一下子失控，恨不得马上将自己的利益抢回来，自然他们对犯错者也是丝毫不留情面的，这样很容易就会使双方之间产生矛盾和冲突。

1. 较真只会让自己更痛苦

当别人无意中犯了错误，我们所能做的最佳选择就是原谅。在生活中，有的人喜欢较真，即便错误已经发生了，他们还是会一遍遍地在别人面前强调这些错误，在这个过程中，不仅他自己会变得异常痛苦，同时还会让对方有被侮辱的感觉。假如对方已经开始反省，你却仍一再地较真，反而会让他终止反省的行为，而对你心生厌恶。

2. 原谅他人对自己而言是一种解脱

我们经常看到有的人难以原谅朋友的过错，结果他一直对那件事耿耿于怀，即便在多年以后，他内心还是有一个疙瘩。其实，这么多年来，痛苦的不过是他自己。因此，原谅别人的错误，对自己而言是一种解脱。

给他人留点面子，就是给自己留条出路

在生活中，每个人都有争强好胜的习惯，因此大多数人总

想比别人站得高一点,其实这是做人的大忌。有些人懂得在恰当的时机保住别人的面子,因为他们明白,给别人留面子就是给自己留出路。"面子"是一件很重要的事情,所谓"士可杀,不可辱"就是这样一个道理,在有些交际场合,面子甚至比生命还重要。人际交往最重要的是"和",和气才能生财;经商讲究"通",路子通了才能财源广进。假如你处处不给别人留面子,别人就会对你心存怨恨,也不会顾及你的情面,最后吃亏的还是你自己。但如果你给了别人面子,那结果就会不一样。给别人留面子,会让对方的虚荣心得到满足,这时对方也会给你留面子,适时给你留条后路,这岂不是皆大欢喜的事情吗?

公元1368年,朱元璋登基,建立明朝。一天,一位穷朋友从乡下来到京城皇宫门前求见明太祖。朱元璋听说是以前的老朋友,非常高兴,马上传他进殿。谁知这位穷朋友一见朱元璋端坐在宝座上,昔日的容颜似乎没有多大变化,便忘乎所以地说道:"我主万岁!您还记得我吗?从前你我都替人家放牛,有一天我们在芦花荡里把偷来的豆子放在瓦罐里清煮,还没等煮熟,大家就抢着吃,甚至把罐子都打破了,撒了一地的豆子,汤也都泼在泥地上。你只顾满地抓豆子吃,不小心连红草叶子也送进嘴里,叶子哽在喉咙里,苦得你哭笑不得,还是我出的主意,叫你用青菜叶子吞下去,才把红草叶子带下肚里去……"这个人还想继续说下去,可朱元璋早就听得不耐烦了，嫌这个朋友太不顾情面，于是大怒道："推出去斩了！推出去斩了！"

后来，这件事让另外一个穷朋友知道了，他心想这个老兄也太莽撞了，对于曾经与朱元璋的旧情，只需见好就收，何必说了那么一大堆，反而扫了朱元璋的面子。于是，他心生一计，信心十足地去见他小时候的朋友，也就是当今的皇帝。这个穷朋友来到京城求见朱元璋。行过大礼，这个人便说："我皇万岁万万岁！当年微臣随驾扫荡芦州府，打破罐州城，汤元帅在逃，拿住了豆将军，红孩儿挡关，多亏了菜将军。"朱元璋一听，不禁大笑，他认出了眼前的这个孩提时期的朋友，心中更为此人巧妙地暗示他们小时候在一起玩耍的事而高兴，于是让他做了御林军总管，留在了自己的身边。

同是儿时朋友，所受到的待遇却是迥然不同。前者说话太莽撞，不懂得给朱元璋留面子，本来，你若是与朱元璋有旧情，只需点到为止地提醒他即可，却偏偏扯出那么多往事，当着这么多人，把朱元璋儿时的糗事一股脑儿说出来，岂不是不留情面。试想，这时已身为明太祖的朱元璋怎么能受这样的戏谑。最终那位穷朋友非但没有讨到好处，反而赔上了自己的性命；而后者只是简单地聊了儿时的趣事，其中还包含了对朱元璋的敬仰，给足了朱元璋面子，最后就做了御林大将军。这个故事告诉我们：给别人留面子，其实就是给自己留后路。

在杂志社，能受邀参加一年一度的杂志社评审工作是一项殊荣。许多人对此向往已久。不过，很少有人会这么幸运每年都在应邀之列，最多就是连续参加一两次，之后就绝缘了。但王先生却是比较幸运的一个，他每年都会受邀参加此项工作，同行们对此羡慕不已。

在他退休的时候，他才道出了其中的奥秘："其实，要说专业眼光，坦率地讲，我并不是特别在行，而且我的职位也不高，不足以成为别人重视我的原因。我相信，我之所以每年都会被邀请，就是因为我善于给所有人留面子，这看起来是件小事，可是它产生的影响却是难以想象的。并不是所有的杂志都办得那么出色，但在公开的评审会议上我始终坚持一个原则：多称赞，常鼓励，少批评。毕竟每一份杂志都有它的优点，而对于不足之处，我就会等会议结束后在私底下找来杂志的编辑人员沟通，指出他们的缺点。"

尽管在杂志评审活动中，杂志的名次有先后，但王先生让所有的人都很有面子，也难怪这项活动中的所有人员和编辑都尊重他、喜欢他。这样看来，他每年都在受邀行列也算是情理之中了。

1. 得饶人处且饶人

在生活中，有可能会出现这样的情况：对方无意之中犯下了错误，可你却总是揪着对方的错误不放，说话越来越过分，丝毫不顾及对方的面子。其实，不管对方是无意的还是有意的，既然错误已经发生了，再说那么多话也于事无补。所谓

"得饶人处且饶人",批评的话也见好就收吧,别不给对方面子,否则他日对方若有了出头之日,可能也不会给你留面子。

2.给对方留面子,就是给自己面子

许多人不知道这样一个道理,你若是给了别人面子,其实就是给自己面子。可能,在现阶段,对方的处境并不好,但是,你也没必要赶尽杀绝,硬是要扫了他的面子。凡事多与人为善,今天你给对方留面子,日后他肯定会给你留面子。

3.对别人敏感的事情不要较真

隐私就是不可公开或不必公开的某些事情,有可能是缺陷,也有可能是秘密。因此,我们在进行语言交流的过程中,对别人的隐私不要较真,即使无意中提到了那么一两句,也需要见好就收,别不给对方留面子。

第 10 章
CHAPTER 10

不为不完美较真，
你正是因为有点缺憾才与众不同

　　在生活中，让人感到遗憾的事情有很多，就好像浩瀚天空中的奥秘一样多得说不清。缺憾，可能会令我们感到悲哀、惋惜，但正因为缺憾，才使得世间万物变得唯美动人。一花一世界，一叶一菩提，正因为有了小小的遗憾，这个世界才会变得更完美。

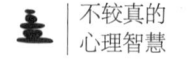

你所有的缺憾，都能因自信而烟消云散

　　有缺憾怎么办？别沮丧，如果你足够自信，一样可以弥补你的缺憾。对意大利前锋卢卡·托尼来说，自己既没有出众的技术，也没有惊人的速度，而自己却站在前锋的位置，这何尝不是一种糟糕的境况。但是，托尼并没有放弃，他相信自己，逐渐修炼自己的"头球"功夫，成为了"头球机器"。虽然生命对于托尼来说有着不可弥补的缺憾，但是，因为自信，他却成为了意大利永远的旗帜，一个不可失去的出色前锋。瑕不掩瑜，真实的人生并非需要完美，缺憾也可以是一种惊人的美丽。在现实生活中，所谓"完美"的诞生定会伴随着一定的遗憾，因此，追求完美是正常的，却也是一个人最大的悲哀。人生贵在真实，瑕不掩瑜，只要自信，我们就能够弥补缺憾，这根本无损人生真切的美丽。在很多时候，我们要善于接纳自己，对自己充满自信，不管是自己的优点还是缺憾，我们都要以平常心看待。

　　琳达是一位电车车长的女儿，从小就喜欢唱歌和表演，梦想着自己能够成为一名当红的好莱坞明星。然而，琳达长得并不算漂亮，她的嘴看起来很大，而且还有龅牙。每次公开演唱，她都试图把上嘴唇拉下来盖住自己的牙齿。

有一次，她在新泽西州的一家夜总会演出，为了表演得更加完美，她在唱歌时努力遮掩自己的牙齿，但是，结果却令自己出尽洋相，这真是一次失败的演出。琳达看起来伤心极了，她觉得自己注定了会失败，打算放弃自己当初的梦想。

但是，正在这时，同在夜总会听歌的一位客人却认为琳达很有天分，他告诉琳达："我一直在看你的演唱，我知道你想掩盖的是什么，你觉得自己的牙齿长得很难看。"琳达低下了头，觉得无地自容，但那个人继续说道："不要去掩盖，张开你的嘴巴，观众看到你自己都不在乎，他们就会喜欢你的。再说，那些你想掩盖住的牙齿，说不定能给你带来好运呢，自信一点儿，丫头，你会成功的。"琳达接受了客人的建议，努力让自己不再去注意牙齿。从那时候开始，琳达只要想到台下的观众，她就张大了嘴巴，自信而热情地歌唱，就这样，最后她成为了好莱坞当红的明星。

赛德兹说："你应该庆幸自己是世上独一无二的，应该将自己的禀赋发挥出来。"无论是龅牙一样的缺点，还是难以弥补的缺憾，它一样是组成生命的重要部分，在你的生命中占据着不可或缺的位置。我们总是寻找完美的东西，寻找一份完美的工作，寻找一种完美的生活，在这个追寻的过程中，为什么不回过头看看自己呢？如果你能够自信一点儿，何必去寻找最完美的，因为你就是最完美的。

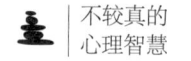

每个人都具有独一无二的价值，没有任何人能够取代我们，也没有任何人能够贬低我们，除非你首先看轻了自己。有的人总是为自己的缺憾较真，实际上，只要我们足够自信，即便有再大的缺憾，也会被自信掩盖起来。

1. 不要纠结自己身上的缺憾

俗话说："金无足赤，人无完人。"在生活中，我们每个人身上都存在着这样或那样的缺憾，这是再正常不过的事情。如果我们能以平常心对待，那这些缺憾就不会是缺憾；反之，如果你处处纠结，那只会让自己更加痛苦。

2. 学会欣赏自己

当我们较真自己身上的缺憾时，是否忘记了自己也有优势呢？如果我们自己都不欣赏自己，那别人怎么会来欣赏你呢？在生活中，我们要学会欣赏自己。

因为瑕疵的存在，美才会与众不同

天气无论怎么风和日丽，也免不了留下随风的尘埃；人生无论怎样繁花似锦，都害怕丧失了壮阔的胸怀。其实，在这个世界上，没有绝对的完美。怎样才能找到完美呢？在瑕疵中，是没有完美的，就好像这个世界上没有两片完全相同的叶子。对此，哲学家这样解释："完美就在于他并不完美，世界根本

第10章
不为不完美较真，你正是因为有点缺憾才与众不同

不存在完美的标准，然而却有完美主义者。"其实，瑕疵和完美是相对的，有了瑕疵，才会显得事物与众不同，才会显得更完美。可以说，世间万物，所有的美都是有瑕疵的，因此才会显得与众不同。

一件东西最大的成功在于它的瑕疵，因为有瑕疵，它才会逐渐变得更完美。所谓的完美终究是不完美的，瑕疵使得不完美不断地发展，不断地进步并趋向于完美，这样的美丽才会显得更不一样。西楚霸王项羽，自视清高，认为只有自己才是最完美的，最终却失去了眼前的大好江山，含恨自刎乌江；王明阳格物致知，认为只要完全认清事物，事物就会最完美，最终却是毫无结果；关羽年迈却自视雄才，结果败走麦城。那些总是追求完美、容不下瑕疵的人，结果却是以瑕疵结束。在这个世界上，任何事物都是美丽的，因为有了瑕疵，所以才是独一无二的美。

国王有七个女儿，这七位美丽的公主是国王的骄傲。她们都有一头乌黑亮丽的长发，所以国王送给她们每人一百个漂亮的发夹。

有一天早上，大公主醒来，一如既往地用发夹整理自己的秀发，却发现少了一个发夹，于是她偷偷到了二公主的房里拿走了一个发夹。二公主发现少了一个发夹，便到三公主房里拿走一个发夹。三公主发现少了一个发夹，也偷偷地拿走了四公主的一个发夹；四公主也如法炮制地拿走了五公主的发夹；五公主一样拿走了六公主的发夹；六公主只好拿走了七公主的发

夹。于是，七公主的发夹只剩下九十九个了。

过了一天，邻国英俊的王子突然来到皇宫，他对国王说："昨天我养的百灵鸟叼回一个发夹，我想一定是属于公主们的，而这也是一种奇妙的缘分，不晓得哪位公主掉了发夹？"公主们听到了这件事，都在心里说："是我掉的，是我掉的。"可是，她们头上明明都完完整整地别着一百个发夹，所以都懊恼得很，却说不出来。只有七公主走出来说："我掉了一个发夹。"话才说完，一头漂亮的长发因为少了一个发夹，全部披散下来，王子不由得看呆了。

故事的结局，当然是王子与公主幸福地生活在一起了。

为什么不能容下瑕疵呢？一百个发夹，就好像是完美圆满的人生，少了一个发夹，就好像有了某种瑕疵。但正因为有这样的瑕疵，未来才有了无限的转机，有了无限美好的可能性，而且，因为那一点点瑕疵，才可以显示出自己的与众不同，而这样的美丽是十分难得的。

有的人一生都在追求完美，殊不知这个世界根本没有完美，完美不过是一种理想的境界。人的一生注定会有许多的瑕疵，你收获一些，就注定会失去一些，因为没有人可以完美地获得一切。在生活中，学会接纳别人的缺点，你才能拥有更多的朋友；学会接纳事物的瑕疵，你才能知足常乐。世间没有绝对的完美，太刻意地去追求完美，那只不过是给自己施加压力，甚至会让自己烦恼一生。要敢于面对瑕疵，因为有了瑕疵，才使得这样的美丽显得与众不同。

1. 别为完美而较真

虽然，在生活中我们都很崇尚完美，也追求完美，但我们距离完美到底有多远，完美到底是一种怎么样的境界，我们无从得知。我们常常会为生活中的瑕疵而烦恼，其实，这都是不值得的，因为这个世界不存在绝对的完美。万事万物，都是因为有了瑕疵，才显得那样美。

2. 瑕疵也是一种完美

我们不能描述完美到底是怎样的一种境界，但我们知道完美是独一无二的。这样想来，难道瑕疵不是一种完美吗？因为瑕疵使得东西本身更加与众不同，这样看来，这件东西本身就是完美的。所以，我们说，瑕疵也是一种完美，因为有了缺憾，才会让美丽显得更加与众不同。

别去追求十全十美，因为完美根本不存在

有这样一首歌："我把爱情想得太完美，不知为它哭过多少回；我把爱情想得太完美，不知被它刺痛多少回；最后我的爱情让我伤痕累累。"在生活中，有不少自称"完美主义者"的人，他们不管对人还是对事，都是高标准、严要求，力争尽善尽美，即使已经做得十分出色，却依然不能满意这样的

结果。当然，在完美主义的促使下，他们往往会给自己设定远大的目标，并为之不断努力奋斗。其实，有一个词语叫作"物极必反"，当我们过分追求完美的时候，实际上已经陷入了病态。完美是一种理想的境界，我们可以无限度地接近完美，但永远不可能达到完美。仔细想想，世界上有什么东西是十全十美的呢？美国前总统富兰克林·罗斯福坦然向公众承认，假如自己的决策能够达到75%的正确率，那就达到了自己预期的最高标准了。即便是罗斯福尚且这样说，我们又何必对自己一味地较真呢？

波波拉是位女教师，她一直觉得自己的长相不够完美，好像哪儿看起来都不顺眼，在经过一番心理挣扎之后，她决定去整容。整形医师仔细打量了她的五官，认为她长得并不难看，关键问题在于波波拉的内心，她太过于追求完美。在波波拉的强烈坚持下，整形医师还是为她动了手术，不过只是稍微改善了她的五官，比她自己所要求的要少很多。

手术之后，波波拉显得很不高兴，她一边打量镜子中的自己，一边埋怨："你并没有对我的脸做太大的改变。"整形医师解释说："你的脸本来就只需要稍作改变，问题是你使用脸的方式错了，你把它当作一个面具，用来遮掩你的真实感觉。"波波拉低下头说："我已经尽自己最大的努力了。"医师没有说话，只是默默地看着她，波波拉沉默了许久，才说道："每天我到学校去的时候，就像戴了张面具，尽量表现出自己最好的一面，我认为自己不够好，我把所有的感情全部都隐藏起来，只留下我认为正确的一部分。但是，令我难过的是，在我三年的教学生活中，孩子们总是嘲笑我。"

整形医师微笑着说："孩子们嘲笑你，是因为他们已经看出了你一直在演戏，他们了解你很自卑，你太过于追求完美了。其实，作为一名教师，并不一定要使自己表现得十分完美，偶尔也可以表现得愚蠢一点，这样孩子们反而会尊重你了。记住，你就是你，不需要改变自己的容貌，而是要改变自己的心态。"波波拉接受了医师的建议，从出院开始，她再也不在意自己的容貌了，而是完全地接纳了自己，最后，她成为了孩子们最喜欢的老师。

追求完美并不是健康的心理状态，心理学家曾做过一个实验：他们向被试者描述了两个人，这两个人都有很强的能力，也都有崇高的人格，但其中一个人从来不犯错，另外一个人有时会犯点儿小错误。心理学家要求被试者回答：这两个人哪一个更可爱呢？结果，绝大部分被试者都认为那个有时会犯点小错误的人更可爱。

其实，完美并不能与优秀画等号，追求完美的人总是懊恼自己的不成功，而优秀者却总是能享受成功与快乐。在生活中，不要将完美当成自己的束缚，从而让自己失去快乐。断臂维纳斯成为世界女性艺术美的典范，就是因为无臂。实际上，维纳斯原作是有手臂的，只是因为成了碎片，无法修复。后来，许多人试着帮她装上双臂，但却发现有臂的维纳斯反而不如无臂的美。无臂维纳斯可以让人想象出维纳斯双臂的各种美的姿态，假如她有完美的双臂，反而会让人觉得单调了。

1. 不要较真有缺憾的生活

生活本来就是不完美的，总会有许多不如意和不开心的事情，只要把握住我们能把握好的就可以了。对生活不要太苛刻，对自己不要太较真，凡事开心才是最重要的。如果凡事都要求自己做得十全十美，每天处心积虑地生活，生活就成了一件会令人身心疲惫的事情。

2. 不必过分追求完美

在生活中，不必过分追求完美，如果你想做好一件事情，讲究的是成功，只要你尽了力，而且达到了预期的目的，就没有必要去追求所谓的完美。当我们做好一件事情后，可以反思，也可以总结经验，千万不要因一点小小的缺憾而自责。如果因为过分追求完美而陷入自责的怪圈中，那你还有精力去做好其他事情吗？

扬长避短，充分发挥潜力

在生活中，我们都听过"让兔子去跑步，让鸭子去游泳"的故事。显而易见，每个人都有自己的优势，而更重要的一点是每个人都只有从自己的优势出发才能获得成功。心理学家马丁·塞利格曼在成功心理的研究中得出这样一个结论："成功和幸福的核心在于发挥你的优势，而不是纠正你的弱点，成功的第一步就是识别你的优势。"一个人若是要想主宰心的航向，就应该全面认识自己，既要正视自身的缺点，又要把握好自己的优势。一旦你没能够清楚地认识自己，就会导致内心产生自负或自卑等心态，而这些负面心理将会影响你一生的发展。在追求个人发展的过程中，我们要善于扬长避短，将自己的长处发挥到淋漓尽致。

　　三国时期，杨修虽然颇具才能，但他最大的短处就是喜欢表现自己，喜欢在曹操面前邀功，这是其同僚都知道的事情。当时，曹操的儿子曹植很喜欢杨修的才能，常常邀请他到家里谈论逸闻趣事，整夜都不休息。曹操和众位大臣商议，想立曹植为太子。曹丕听说了，就密请朝歌长吴质到他府中商量对策，又怕被人发觉，就让吴质藏在一个大筐里，上面放些布匹，别人问起，就说是布匹，用马车把吴质拉进了曹丕府中。

　　正好杨修看见了吴质从筐里爬出来。他和曹植是好朋友，当然希望曹植能当太子，于是，就跑去向曹操告密。曹操派人在曹丕府前检查，曹丕慌忙告诉了吴质，吴质当然知道杨修的短处，猜想他会去告密。于是吴质说："不用担心，明天用大筐装上布匹拉到府里来，迷惑一下他们。"第二天，曹丕就派人按吴质所说的话去做了。

曹操派的人检查了几次，发现运来的全是布匹，就回去把情况报告给了曹操。曹操怀疑杨修陷害曹丕，从此对他十分厌恶。

在这个案例中，杨修将自己的短处展露无遗，无疑给了别人一个可乘之机，结果聪明反被聪明误。孙子兵法曰："先不为可胜，以待敌之可胜。"意思是，先要避免自己的弱点，最大限度地发挥自己的长处，这样才有可能得到别人的认同。

曾经有一个叫奥托·瓦拉赫的人，在他上中学的时候，父母为其选择了文学之路，但是一个学期下来，老师给他的评语竟然是"瓦拉赫很用功，但过分拘泥，这样的人即使有着完美的品德，也绝不可能在文学上有所发展"。无奈之下，他又开始学习画油画，但这次老师的评语更让人难以接受："你是绘画艺术方面的不可造就之才。"面对这样"笨拙"的学生，大部分人都认为他成才毫无希望，只有化学老师觉得小瓦拉赫做事一丝不苟，具有做好化学实验应有的品格，建议他学化学。没想到，一接触化学，瓦拉赫的智慧火花一下子就被点燃了，并最终成为了诺贝尔化学奖的得主。

这个案例所描述的就是人们广为流传的"瓦拉赫效应"，这个效应指的是人的智能发展都是不均衡的，人一旦找到自己的智能最佳点，使智能潜力得到最大限度的发挥，便可以赢得惊人的成绩。在生活中也是一样，每个人都有长处和短处，一旦找到自己的长处，就可以使这方面的潜力得到充分的发挥，最终赢得成功。

1. 避开自己的短处

成功者信奉的人生格言是：不要将自己的短处暴露出来。一旦暴露出来，你就失去了很多优势。在自然界中，那些具有极大生存能力的动物，往往就是善于伪装自己短处的凶悍野兽。

如果你只有一条腿，就没有必要勉强自己去做一个运动员；如果你的容貌不够美丽，就没有必要去参加选美大赛。如果你真的在某些方面存在着自身不可抗拒的缺陷或短处，就完全没有必要去较劲，非要在这方面与别人争个高低，否则你只会自讨苦吃。

2. 尽才所用

所谓的成功并不是轰轰烈烈的事业或出人头地的名位，而是我们能够把握好自己的优势，能"尽才所用"，这才是作为一个人的最大成功。每个人都想成为高大的树木，渴望矗立在高处俯瞰这个世界，但是，命运的捉弄往往使我们成为一丛丛小草。或许，在许多人看来，小草该是多么卑贱，多么渺小，但是，即使是如此渺小的东西，也能凭借着自己的优势在残酷的大自然中生存下去。

参考文献

[1]易贝连.淡定[M].北京：中国纺织出版社，2011.

[2]程知远.宽容：和谐一生的秘诀[M].北京：外文出版社，2011.

[3]庄之鱼.人生何必太较真：不钻牛角尖的生活哲学[M].北京：新世界出版社，2012.

[4]高英.念头一转，心就不烦[M].北京：中国长安出版社，2012.